ポイント絞って豊富な演習問題！

基礎から学べる

# 生化学・微生物学

佐賀大学教授
北垣 浩志

三恵社

# はじめに

医療系、健康科学系の仕事における生化学・微生物学の知識はますます重要になりつつある。生化学と微生物学の知識は相互に関りがあり、両方を同時並行して学ぶ必要があるが、これまではそれぞれの教科書が独立していたため、その連携が難しかった。また、これらの知識の定着には問題の演習が必須であった。

そこでこの教科書においては生化学と微生物学の両方の内容を掲載した。また知識の定着を図るために演習問題を多く掲載した。これらの知識は膨大であるため、ポイントをできるだけ絞った記述にして、読者の理解を促すようにした。

こうした工夫により、医療、健康科学に必要な生化学と微生物学の知識を効率よく、全体感をもって吸収できるようになっている。

さらに、発見の経緯や歴史がわかるように代表的な科学者の名前を記載した。これらの名前はあくまで代表的な名前に過ぎず、科学的活動に関わったすべての科学者に敬意を表したい。これらの医学的知識は人類全体の資産である。

この教科書が医療系、健康科学系の仕事を志す学生やこれらの学問を学びたい人たちの助けとなればこの上ない喜びである。

令和２年９月２１日

佐賀大学　教授　北垣浩志

# 目次

# 第１章　体内での代謝

生体内の物質代謝の基本は酸化と還元、同化と異化である。

生体を構成する物質の主要な元素には炭素C、酸素O、水素H、窒素N、リンPなどがある（１７８９年フランス・ラボアジェ、１８０５年イギリス・ドルトンらが燃焼式を解明、１８２８年ドイツ・ウェーレルが有機物として初めてアンモニアを化学合成）。

酸素が多い分子は酸化されている。　例　二酸化炭素
水素が多い分子は還元されている。　例　脂肪酸

電子が少ないことと酸化的は同義である。
電子が多いことと還元的は同義である。

酸化的反応は電子を引き抜くことに相当する。
還元的反応は電子を与えることに相当する。

酸素は常に電子を欲しがっているので他の電子を引き抜く。
炭素、窒素、水素はそうでもないので酸素に電子を引き抜かれるほうである。

酸化的反応と還元的反応は必ずセットで起きる。

解糖系は酸化還元をせずにグルコース（炭素６個）をピルビン酸（炭素３個）に分解する。
TCA回路は酸化　ピルビン酸を二酸化炭素に酸化する　酸素を与えるもしくは電子を奪う（かわりに酸素分子は還元される）。
ピルビン酸から乳酸への変換は還元であり電子を与える。

異化　大きいものを小さくしてエネルギーにする　例　タンパク質→アミノ酸
同化　エネルギーを使って小さいものを大きくする　アミノ酸→タンパク質

演習問題　次の反応は酸化か、還元か、どちらでもないか。

1　グルコース→二酸化炭素

2　グルコース→脂肪酸

3　脂肪酸→二酸化炭素

4　でんぷん→グルコース

5　グルコース→乳酸

答え
1）酸化　2）還元　3）酸化　4）どちらでもない　5）還元

演習問題　次の反応は同化か異化か。

1　アミノ酸からタンパク質

2　でんぷんからグルコース

3　脂質から脂肪酸

4　グルコースからグリコーゲン

5　アミノ酸からペプチド

答え

1）同化　2）異化　3）異化　4）同化　5）同化

# 第2章　人間の臓器

図　人間の臓器の分布（１２９-１９９年古代ローマ・ガレノス、１５４３年ベルギー・ヴェルサリウスにより解明）

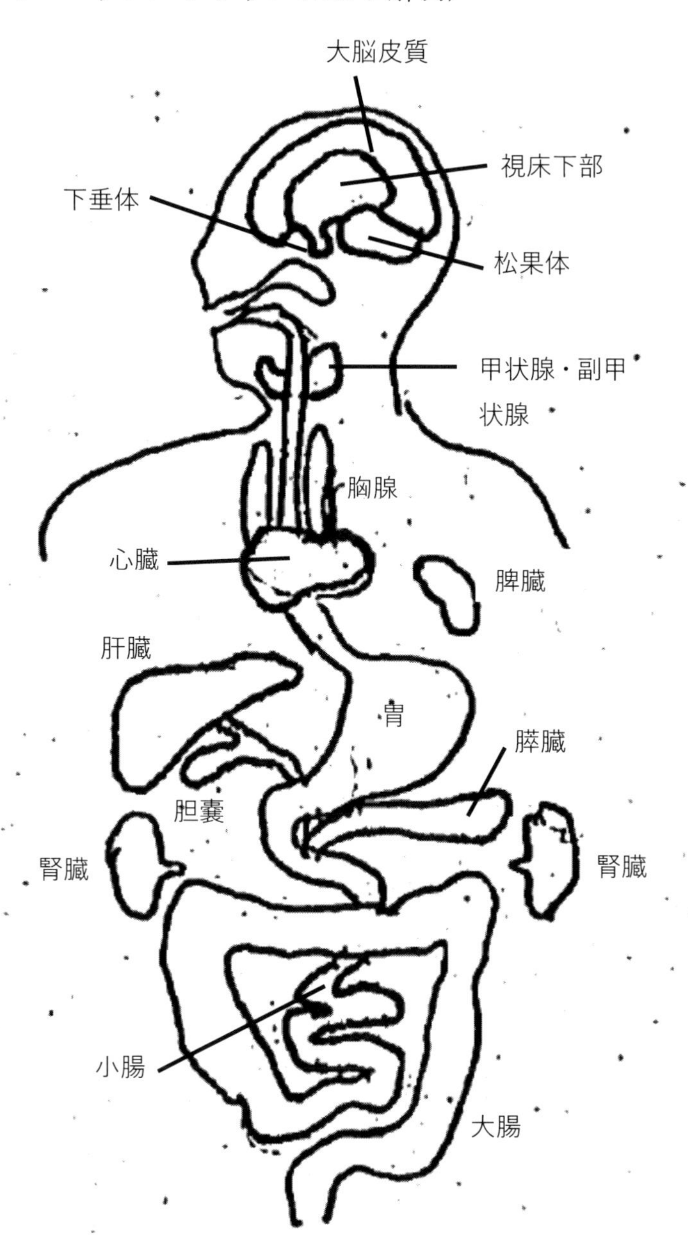

大脳は脳の最も外側に位置する。そのうちでも特に外側にある大脳皮質は知覚、随意運動、思考、推理、記憶など、脳の高次機能を司る臓器である。

視床下部とは、間脳に位置し、内分泌や自律機能の総合的な調節を行う。

下垂体は視床下部の下に位置し、成長ホルモン(GH)や副腎皮質刺激ホルモン、性腺刺激ホルモンなど、さまざまなホルモンを分泌する臓器である。

松果体とは脳内の中央、2つの大脳半球の間にある。概日リズムを調節するホルモン、メラトニンを分泌する機能がある。

甲状腺は甲状腺ホルモンを分泌する臓器である。濾胞細胞から分泌を行う。甲状腺は濾胞細胞からなる甲状腺濾胞と、傍濾胞細胞により構成されている。

甲状腺ホルモンの機能は代謝のコントロールが主要な役割である。
甲状腺ホルモンが分泌されると代謝がアップする。
傍濾胞細胞は、血中カルシウムイオンの濃度を制御するカルシトニンというホルモンを分泌する機能がある。

副甲状腺は、甲状腺のわきにあり、副甲状腺ホルモン（PTH）を分泌することで血液の中のカルシウムの濃度を調節する。

肺は、多数の肺胞から成り、酸素と二酸化炭素の交換を行う臓器である。
肺は二酸化炭素の排出により血液の pH 調整も行う機能がある。

心臓は、全身に血液を送るポンプの役割を担っている。体の中央より少し左寄りに位置している。
心室が2個、心房が2個ある。
血液は，肺で新鮮な酸素を取り込み左心房に送られ、左心室に送られ全身に送り出されて酸素と二酸化炭素を交換する。再び右心房に戻り右心室に送られ肺に送り出されて再び二酸化炭素を酸素と交換し再び左心房に戻る、の循環で血液を流通させる。

横隔膜は、筋肉の膜で、胸とおなかの間にありその境目となっている。
息を吸い込む時に、収縮し、自分の意志で動かすことができる筋肉である。

肝臓は、人体におけるさまざまな代謝を担う臓器である。小腸の近くにあり、リンパ管と門脈を介してつながっており、胆汁や尿素、VLDL，LDL など代謝の重要な物質を合成する役割を担う。

胃は、胃酸で食べ物を殺菌処理し、蠕動運動やペプシンで食物の消化を担う臓器である。食道と胃の境目は噴門、胃と十二指腸の境目を幽門と呼ぶ。

小腸は、食物の栄養分の消化と吸収を担っている。胃の方から見て十二指腸、空腸、回腸と分かれている。およそ６ｍの長さがある。パイエル盤に多くの免疫細胞が含まれている。

大腸は、栄養分の吸収を行わず、主に水分を吸収する機能を担っている。
小腸から見て、上行結腸、横行結腸、下行結腸、S 字結腸、直腸、肛門と分かれている。腸内細菌が活躍する場所である。

脾臓は、免疫学の発達していない時代には食物の消化を司ると考えられていたが、実際には免疫を司る B 細胞などを成熟させたり、古くなった赤血球を破壊するなどの役割を担っていることが明らかになった。免疫を担うリンパ組織はいくつかあるが、体の中で一番大きいのがこの脾臓である。

すい臓は、消化酵素を合成し十二指腸に分泌する臓器である。またさまざまなホルモンも分泌し血糖値の調節なども行う。

腎臓は、老廃物を排出する臓器である。血液の老廃物を尿として排泄する。さらに、血液のイオン濃度を調節する機能も有する。

胸腺は免疫の重要な臓器であり、免疫細胞の一種であるT細胞の成熟を担っている。

胆のうは十二指腸と肝臓の近くに位置し、肝臓で合成された胆汁を貯蔵して十二指腸に分泌する臓器である。

演習問題

大脳は脳の最も外側に位置する。そのうちでも特に外側にある________は知覚、随意運動、思考、推理、記憶など、脳の高次機能を司る臓器である。

________とは、間脳に位置し、内分泌や自律機能の総合的な調節を行う。

______は視床下部の下に位置し、成長ホルモン(GH)や副腎皮質刺激ホルモン、性腺刺激ホルモンなど、さまざまなホルモンを分泌する臓器である。

________とは脳内の中央、2つの大脳半球の間にある。概日リズムを調節するホルモン、メラトニンを分泌する機能がある。

甲状腺は甲状腺ホルモンを分泌する臓器である。________から分泌を行う。甲状腺は濾胞細胞からなる甲状腺濾胞と、傍濾胞細胞により構成されている。

甲状腺ホルモンの機能は代謝のコントロールが主要な役割である。
甲状腺ホルモンが分泌されると代謝がアップする。
傍濾胞細胞は、血中カルシウムイオンの濃度を制御する____________というホルモンを分泌する機能がある。

副甲状腺は、甲状腺のわきにあり、副甲状腺ホルモン（PTH）を分泌することで血液の中の_________の濃度を調節する。

肺は、多数の肺胞から成り、酸素と二酸化炭素の交換を行う臓器である。
肺は二酸化炭素の排出により血液の pH 調整も行う機能がある。

心臓は、全身に血液を送るポンプの役割を担っている。体の中央より少し左寄りに位置している。
心室が 2 個、心房が 2 個ある。
血液は，肺で新鮮な酸素を取り込み______に送られ、______に送られ全身に送り出されて酸素と二酸化炭素を交換する。再び______に戻り______に送られ肺に送り出されて再び二酸化炭素を酸素と交換し再び左心房に戻る、の循環で血液を流通させる。

______は、筋肉の膜で、胸とお腹の間にありその境目となっている。

息を吸い込む時に、収縮し、自分の意志で動かすことができる筋肉である。

____は、人体におけるさまざまな代謝を担う臓器である。小腸の近くにあり、リンパ管と門脈を介してつながっており、胆汁や尿素、VLDL，LDL など代謝の重要な物質を合成する役割を担う。

胃は、胃酸で食べ物を殺菌処理し、蠕動運動やペプシンで食物の消化を担う臓器である。食道と胃の境目は噴門、胃と十二指腸の境目を幽門と呼ぶ。

小腸は、食物の栄養分の消化と吸収を担っている。胃の方から見て十二指腸、空腸、____と分かれている。およそ６ｍの長さがある。________盤に多くの免疫細胞が含まれている。

大腸は、栄養分の吸収を行わず、主に水分を吸収する機能を担っている。
小腸から見て、上行結腸、横行結腸、下行結腸、S 字結腸、____、肛門と分かれている。腸内細菌が活躍する場所である。

脾臓は、免疫学の発達していない時代には食物の消化を司ると考えられていたが、実際には免疫を司る____細胞などを成熟させたり、古くなった______を破壊するなどの役割を担っていることが明らかになった。免疫を担うリンパ組織はいくつかあるが、体の中で一番大きいのがこの脾臓である。

______は消化酵素を合成し十二指腸に分泌する臓器である。またさまざまなホルモンも分泌し血糖値の調節なども行う。

______は、老廃物を排出する臓器である。血液の老廃物を尿として排泄する。さらに、血液のイオン濃度を調節する機能も有する。

____は免疫の重要な臓器であり、免疫細胞の一種であるT細胞の成熟を担っている。

______は十二指腸と肝臓の近くに位置し、肝臓で合成された胆汁を貯蔵して十二指腸に分泌する臓器である。

# 第3章　原核生物・真核生物の細胞の構造

臓器は細胞から成る（１６６５年イギリス・フックにより発見）。
細胞の構造はどんなものか。

細菌　単純で、脂質二重膜で外界と区切られた空間に輪ゴム上のDNAがあるだけ。細胞内小器官はない。核もなく原核生物と呼ばれる。直径は0.5-2μm。

人間・真菌の細胞は真核細胞であるため、中に複雑な細胞内小器官がある。DNAは核の中にあり、さらにヒストンというタンパク質にくるまれて厳重に保護されている。そのためDNAが変異することは少なく遺伝情報が正確に伝えられる。核があるので真核生物と呼ばれる。直径は6-25μm。

ウィルス　自分で代謝して複製する能力はない。ヒトなどの動物の細胞に感染して動物細胞の複製の仕組みを使って複製し、もとの細胞を壊して外に出る。偏性寄生性生物である（寄生しないと生きていけない）。

以下は真核細胞の細胞内小器官である。原核細胞はまず大きさが小さいし細胞内小器官や膜構造はない。

１　核
遺伝を担っているDNAやそれを含む染色体が入っている。

２　ミトコンドリア
酸素呼吸を行いエネルギーの通貨であるATPを産生する
代謝系としてはクエン酸回路（TCA回路、クレブス回路）を含む。回路はサイクルと呼ばれることもあるので注意
内膜をクリステと言い、ここに電子伝達系がある
内部の空間をマトリクスという

３　小胞体
核を取り囲む膜構造である。
タンパク質を合成するリボソームがある。

４　ゴルジ体

小胞体と細胞膜の間にある膜構造である。
タンパク質の構造を成熟させる。

５　細胞膜
細胞の一番外にあり脂質二重膜でできている。

６　リボソーム
mRNAからタンパク質を合成する場所であり小胞体にくっついている。

７　リソソーム
細胞内のタンパク質や脂質、糖質を分解する場所である。

図　真核生物の細胞内小器官の構造　　　　図　ウィルスの侵入と増幅、放出

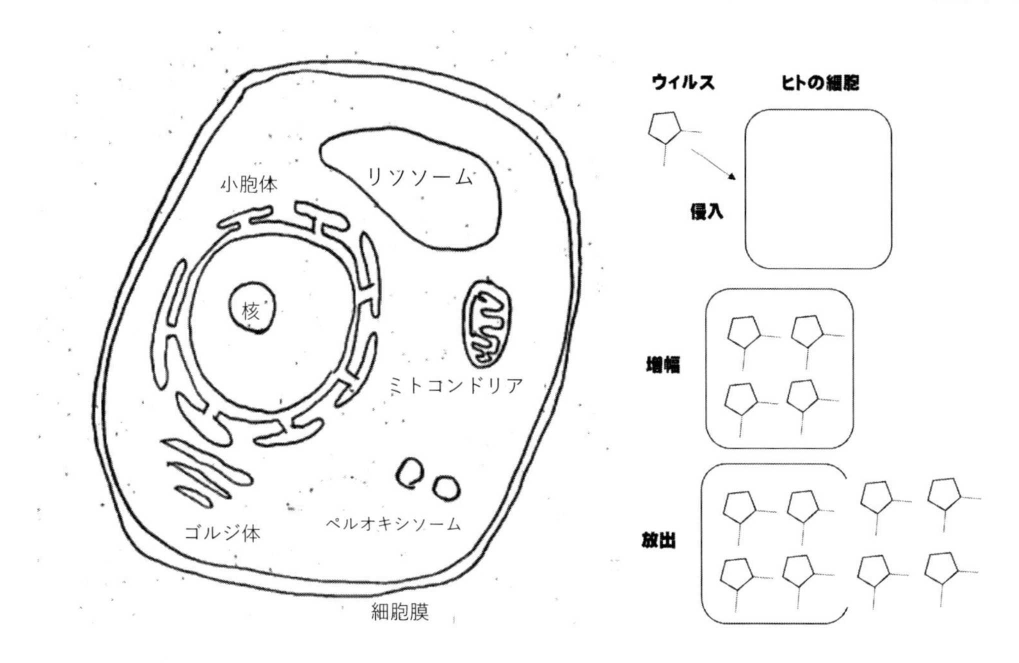

# 第４章　生体構成成分

三大栄養素　食べないと死ぬものである。タンパク質、脂質、炭水化物がそれにあたると１８２７年にイギリスのプラウトが提唱した。

その他の栄養成分としてビタミン類、無機塩類がある。

## １　タンパク質、ペプチド、アミノ酸

タンパク質はアミノ酸がペプチド結合でつながったものである（１８２７年プラウト）。三大栄養素で唯一窒素Nを多く含む分子である。

ペプチド
アミノ酸が数個つながったもの　数個の定義はない。

アミノ酸
２０種類のアミノ酸がある。
アミノ基($NH_2$)とカルボキシ基(COOH)があるため電荷をもち水に溶けることが特徴である。

```
   H
   I
R-C-COO⁻
   I
   NH3⁺
```

## ２　炭水化物

最小単位は単糖　グルコース。
単糖がたくさんつながると多糖類になる。
植物だとでんぷん、ヒトだとグリコーゲンと呼ぶ。

## ３　脂質

大きくコレステロールとその類縁体とトリグリセリドとその類縁体、スフィンゴ脂質に分かれる（１８１４フランス・シュヴルール、１８８４ドイツ・Thudichum）。

## ３．１　コレステロール

図　コレステロールの構造

生体膜を構成する成分である。男性ホルモン、女性ホルモン、ストレスホルモンなどのホルモン、胆汁酸などに体内で変換される。ビタミンDも類縁体である。

## ３．２　トリグリセリドとその類縁体

基盤はアルコールと脂肪酸（主要部分は炭化水素鎖であり脂肪だが末端に酸がある）のエステル結合したものである。
グリセロールの３つのアルコール基に、3本の脂肪酸がエステル結合したトリグリセリドが基本である。
トリグリセリドには電荷がないため水に溶けないし油としての性質が強い。

図　脂肪酸の基本構造（例としてステアリン酸の構造を示す）
カルボキシル基　　炭化水素鎖
（水に溶ける）　　（水に溶けない）

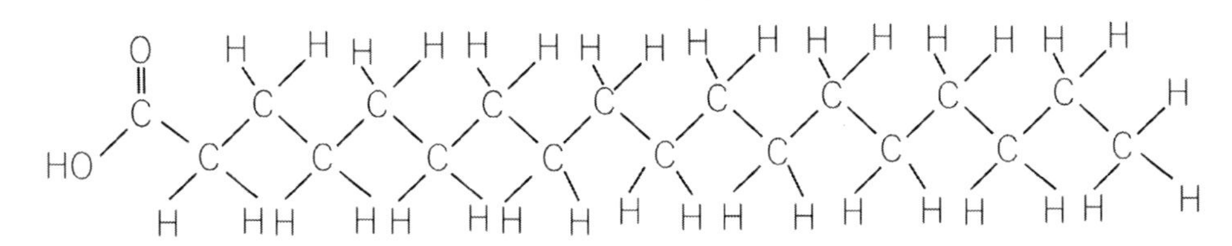

線と線のつながりは化学結合を表す。
炭化水素鎖の部分は炭素と水素だけでできている。

図　トリグリセリドの構造

グリセロール部分

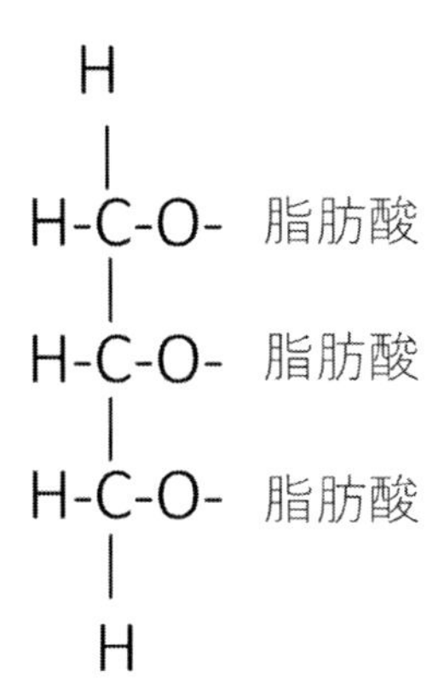

一本線は炭素と炭素の間がひとつの結合で結ばれていることを表す。
二本線は炭素と炭素の間がふたつの結合で結ばれていること（二重結合、不飽和結合ともいう）を表す。
二重結合がひとつあれば一価不飽和脂肪酸、2つ以上あれば多価不飽和脂肪酸という。
二重結合の位置によって多価不飽和脂肪酸はn-3（α-リノレン酸），n-6（リノール酸）の二種類に分かれる。

トリグリセリドのうち1個の脂肪酸を外しリン酸基などを代わりに結合し電荷を持たせたのがリン脂質である。
油の部分（疎水性部分）と電荷を持つ＝水に溶ける部分（親水性部分）の両方を持つためミセル構造を形成し界面活性作用を示す。
二重のミセル構造を形成すると脂質二重膜になり生体膜となる。

### ３．３　スフィンゴ脂質

スフィンゴイド塩基に脂肪酸がアミド結合したセラミドにさまざまな官能基が結合した分子群。シグナル伝達やラフト形成、免疫、腸内細菌に役割を持つ。

図　リン脂質の構造例
（左側がグリセロールで右側に脂肪酸かリン酸が結合している）

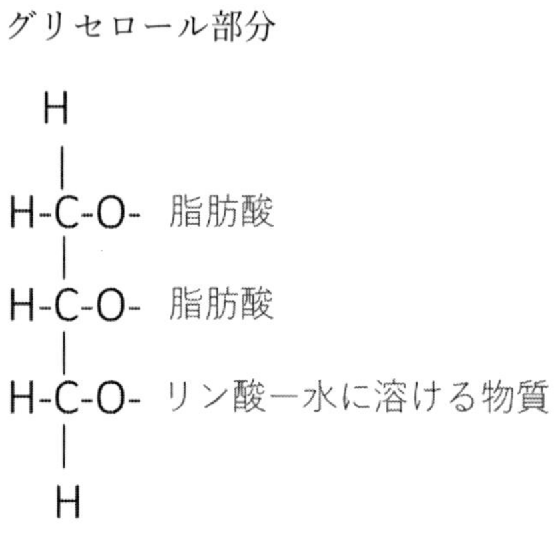

グリセロール部分

```
  H
  |
H-C-O- 脂肪酸
  |
H-C-O- 脂肪酸
  |
H-C-O- リン酸ー水に溶ける物質
  |
  H
```

図　スフィンゴ脂質の構造例
線は炭素原子と炭素原子が結合した状態を表す。Rは官能基。

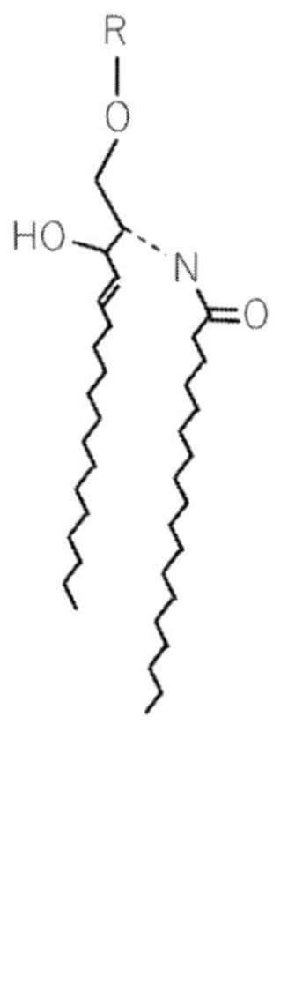

R
O
HO
N
O

図　リン脂質の構造

リン酸基（親水基・電気を持ち水に溶ける）→

脂肪酸（疎水基・水に溶けない）→

図　リン脂質でできたミセル構造

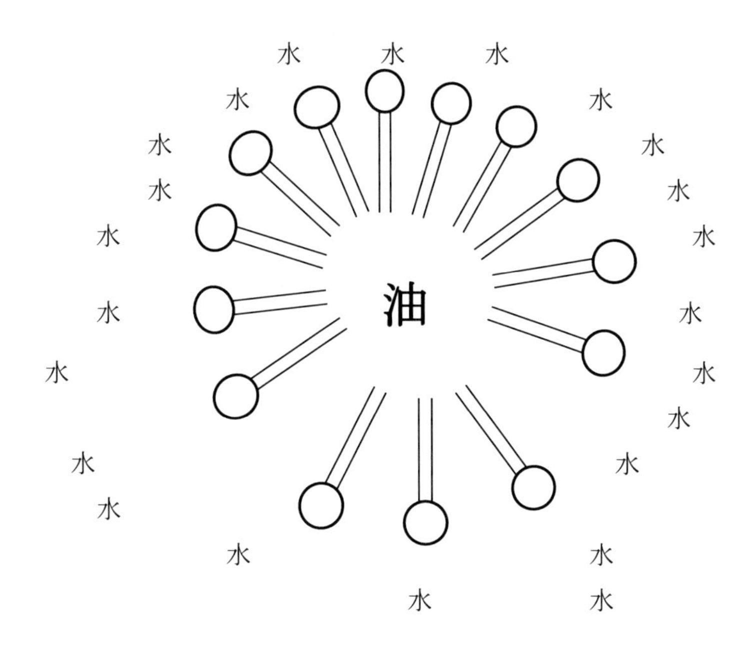

図　脂質二重膜（生体膜）の構造（水を包み込むことができる）

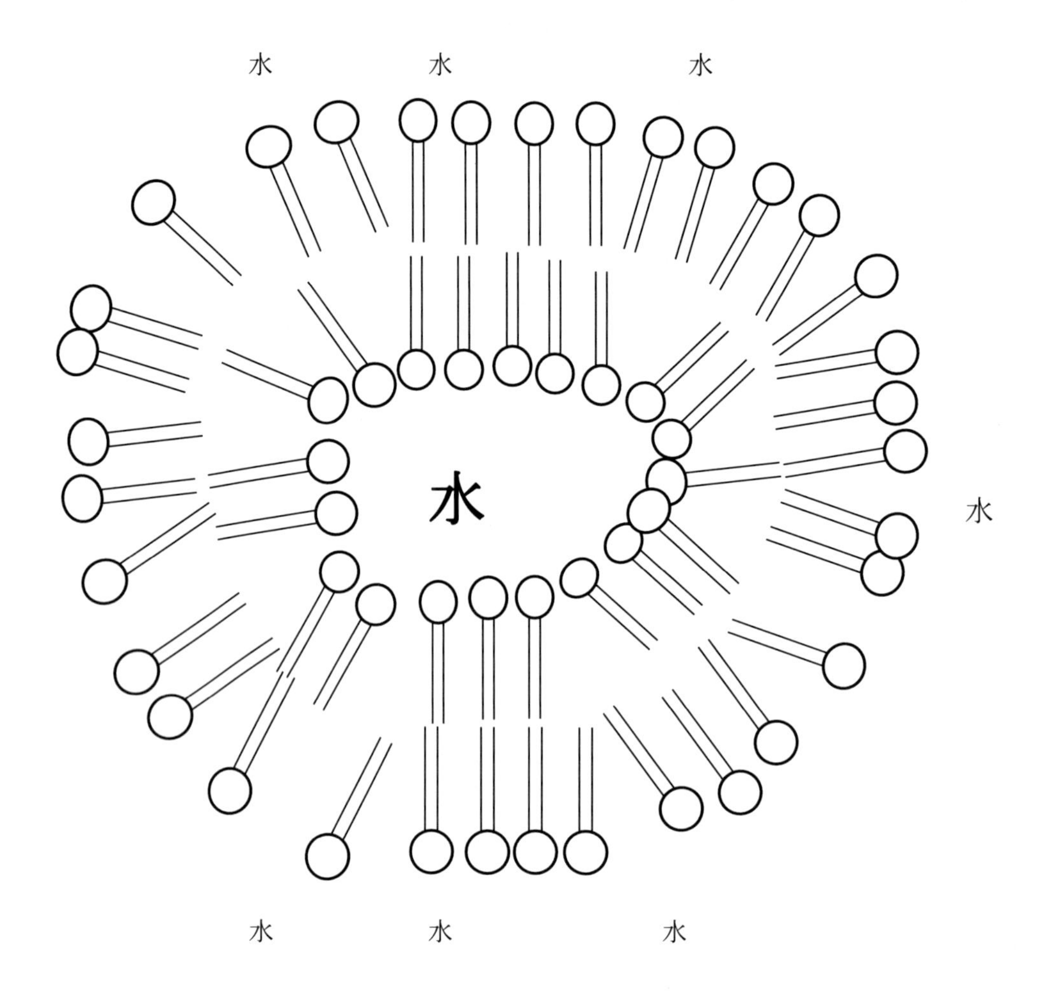

４　核酸

DNA（デオキシリボ核酸）、RNA(リボ核酸)を含む。
糖成分とリン酸と塩基成分の3つから成る。
糖成分はDNAならデオキシリボース、RNAならリボース
リン酸は一緒
塩基成分はDNAならプリン塩基（アデニン、グアニン）とピリミジン塩基（チミンとシトシン）
RNAならプリン塩基（アデニン、グアニン）とピリミジン塩基（ウラシルとシトシン）

DNA鎖あるいはRNA鎖は
糖―リン酸―糖―リン酸―糖・・・と続いていて
塩基の部分が飛び出していて遺伝情報（文字情報）になる。

１９５３年に米国のワトソンとクリックらによってDNAが二重らせんを形成していることが示されたことから半保存的複製をすると考えられ、遺伝子の実態であることが突き止められた。

ピリミジン塩基は分解されるがプリン塩基は体内で分解されず、尿酸としてたまる→痛風になる。

図　核酸の構造

糖がリボースならRNA，デオキシリボースならDNA

塩基はアデニン、グアニン、シトシン、チミン、ウラシルなどいろいろ

線のつながりは炭素―炭素結合を表す

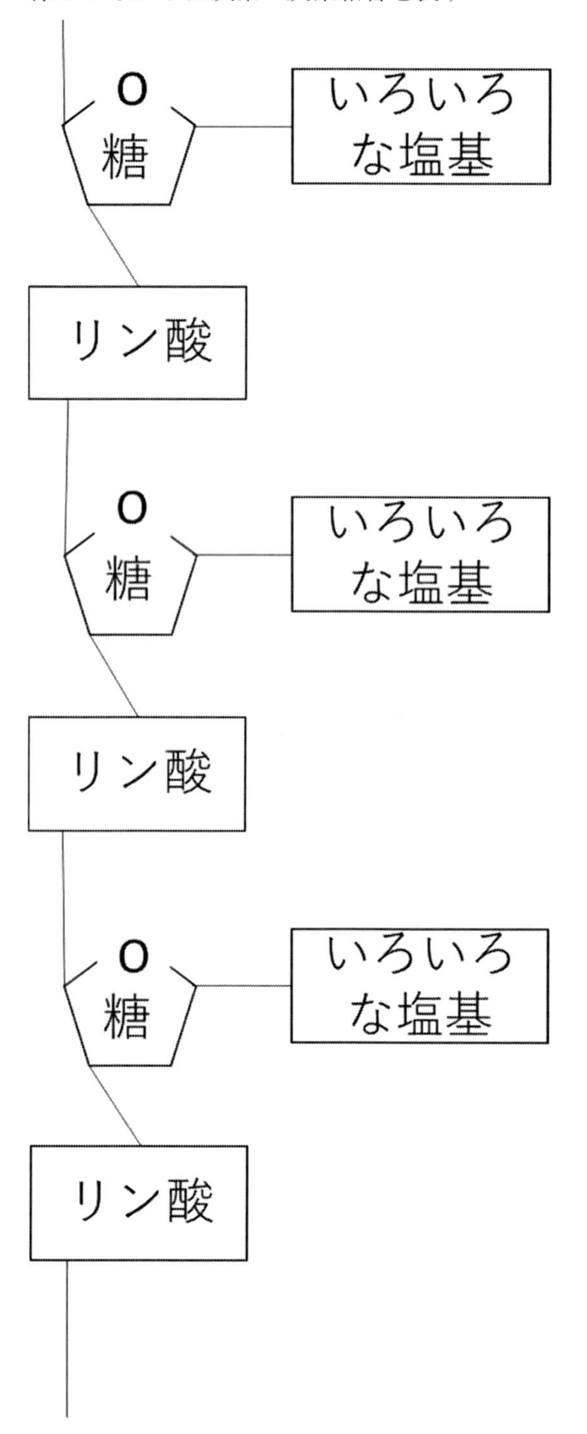

# 第5章　糖の代謝

でんぷんは小腸で分解されてグルコースとして吸収され血糖として全身の組織に配布される。
グルコースは主に解糖系で（１８９７年ドイツ・ブフナー、１９２２年ドイツ・マイヤーホフ）、酸素があればTCA回路（１９３７年ドイツ・クレブス）で代謝される。組織によっては解糖系からバイパスのペントースリン酸回路（１９３５年ドイツ・ワールブルグ）に入る。血糖値はホルモンで調節されている。

## １　糖質の消化吸収

食べ物の糖質の大部分（約９０％）はでんぷんである。
十二指腸に分泌される膵液のアミラーゼによりマルトース（2分子のグルコース）に、さらにマルターゼによりグルコースになり小腸から吸収されて門脈に入る。

## ２　解糖系

グルコースが分解して、2分子のピルビン酸になること。
還元力であるNADHを産生する。

酸素なし　そのまま細胞質で乳酸になる。
酸素あり　ミトコンドリアに入ってTCA回路で代謝され二酸化炭素になる。

## ３　糖新生

人体にとって血糖値は重要であり、血糖値がゼロになると神経細胞が死滅してしまう。
そこで人体は糖質を食べれないときのために、アミノ酸などからグルコースを作る機構を持っている。これを糖新生という。アミノ酸がピルビン酸になった後、解糖系を逆行してグルコースになる。

## ４　ペントースリン酸回路

グルコースから始まる、解糖系のバイパスである。
脂肪酸の合成などの使うNADPHを作る（NADHでないことに注意）。

5　グリコーゲンの合成

血糖値が余っているときにはグルコースを重合（つなぎあわせる）して、多糖を作る。これをグリコーゲンという。肝臓と筋肉に多い。

図　炭水化物の代謝

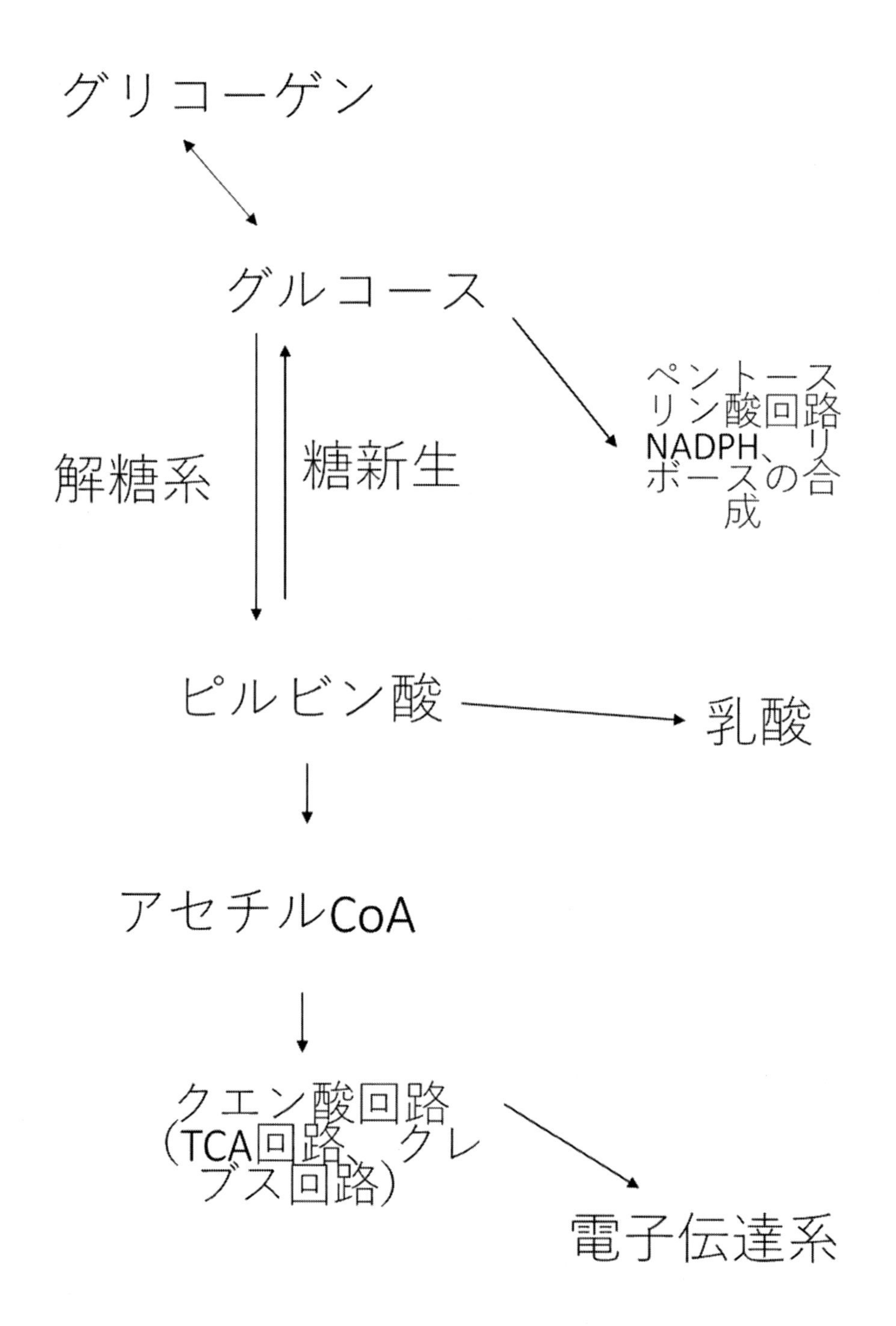

<u>演習問題</u>　空欄を埋めよ。

図　炭水化物の代謝

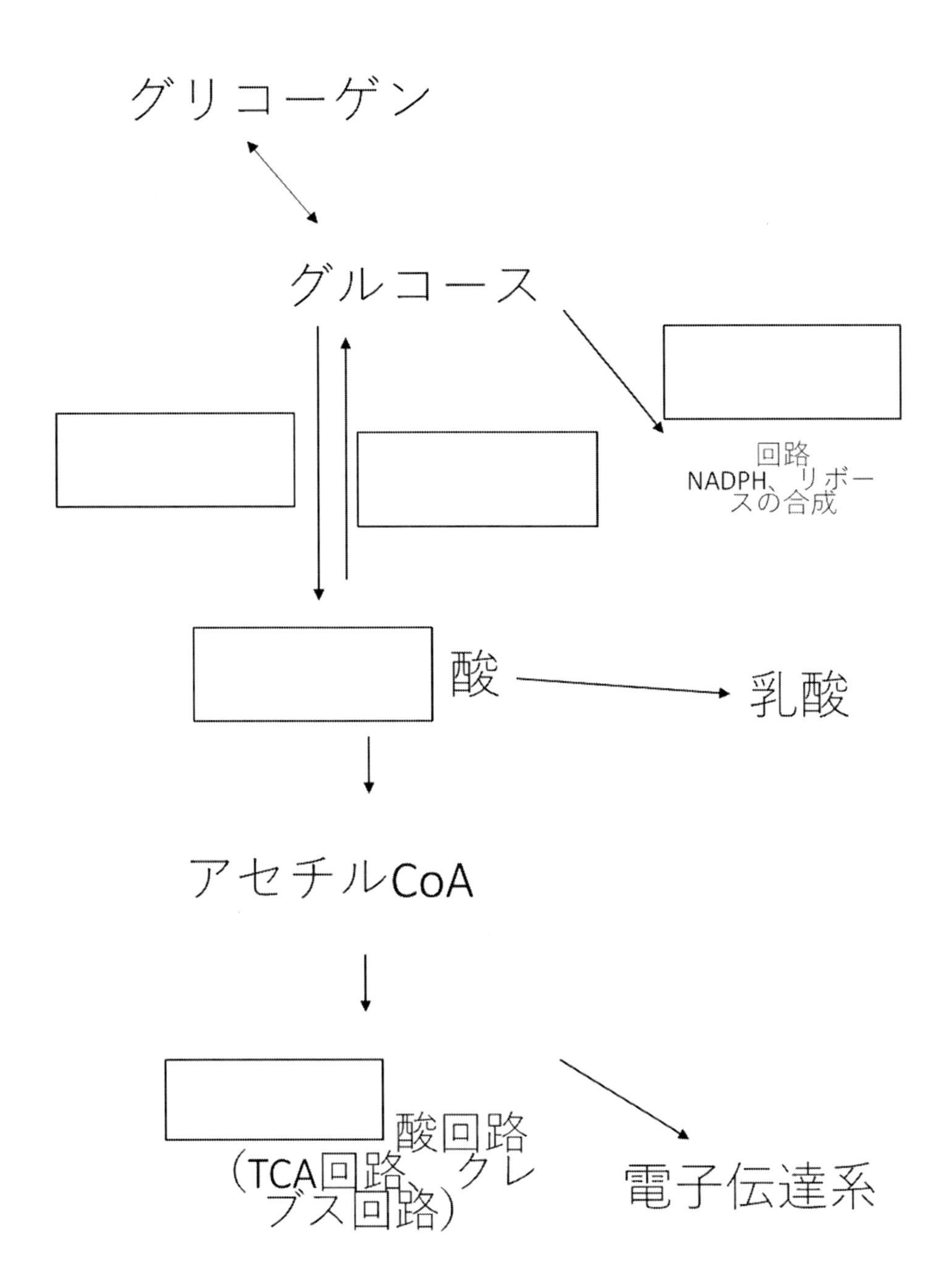

６　血糖値を低下させるホルモン
インスリン
膵臓のランゲルハンス島のβ細胞から分泌される。

７　血糖値を上昇させるホルモン
グルカゴン
ペプチド性
膵臓のランゲルハンス島のα細胞から分泌される。

アドレナリン
副腎髄質から分泌されるアミノ酸性のホルモン
肝臓や筋肉でのグリコーゲン分解を促す。

副腎皮質ホルモン
副腎皮質から分泌される。
ステロイドの骨格である。
アミノ酸からの糖新生を促す。

成長ホルモン
下垂体前葉から分泌される。
貯蔵脂肪を動員して血糖のエネルギーとしての利用を減少させる。

８　糖尿病
1型糖尿病　インスリン自体の不足　若年性が多い。
2型糖尿病　インスリンがあるが利かなくなる　壮年以後が多い。

糖尿病ではグルコースが多く存在するため細胞に取り込まれた後にケトン体（アセト酢酸、βヒドロキシ酪酸、アセトン）になる。これが多すぎると血液が酸性になりアシドーシスになる。

# 第6章　脂質代謝

脂質は吸収された後どのように分解して吸収されるか。
それぞれのカロリーは

糖質　4kcal/g
タンパク質　4kcal/g
脂質　9kcal/g

基本的にはエネルギー源なので意識して取らなくてもいいが例外は必須脂肪酸。必須とは食べないと死ぬということ。

必須脂肪酸はαリノレン酸、リノール酸などの多価不飽和脂肪酸（脂肪酸の中に不飽和結合つまり二重結合がありしかもそれが多数ある）。

食べなくてもいいのは動物の肉に含まれている飽和脂肪酸（二重結合がない）、一価不飽和脂肪酸（二重結合があるが一個だけ）である。

脂肪酸のカルボキシ基の反対側から３個目に炭素原子同士の二重結合があれば
n-3不飽和脂肪酸　魚、藻、くるみの油、αリノレン酸、EPA, DHA

脂肪酸のカルボキシ基の反対側から６個目に炭素原子同士の二重結合があれば
n-6不飽和脂肪酸 大豆油、菜種油、リノール酸、アラキドン酸

現在の日本人にはn-3不飽和脂肪酸が足りない。

n-6不飽和脂肪酸は体内で強い炎症ホルモンになる
n-3不飽和脂肪酸は体内で弱い炎症ホルモンになる

n-3不飽和脂肪酸/n-6不飽和脂肪酸の比率が低ければ強い炎症ホルモンが相対的に多くなり全身の炎症が強くなる。

トリアシルグリセロールは小腸で膵液に含まれるリパーゼにより切断され、2本の脂肪酸と2-モノアシルグリセロール（グリセロールの真ん中に脂肪酸が一本ついたもの）になって小腸で吸収され門脈に入る。

再びトリアシルグリセロールに再合成されキロミクロンに乗り肝臓でVLDL,LDLに合成されて全身をめぐり、HDLに乗って全身から肝臓に戻ってくる。

トリアシルグリセロールは脂肪酸に分解され、脂肪酸は細胞のミトコンドリアでβ（ベータ）酸化を受けて分解されアセチルCoAになる。この過程には酸素を必要とするから酸素運動をしているとこの経路が活発になる。全身にあるが肝臓に特に多い。

図　血清で脂質を運ぶリポタンパク質の種類
色の濃さはタンパク質、脂質の濃度を表す。

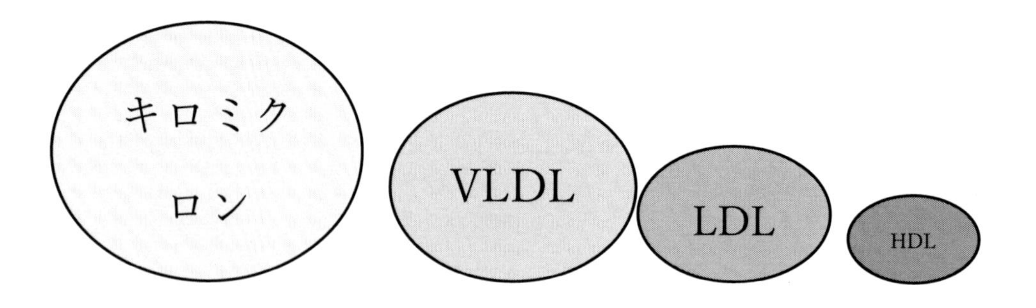

# 第7章　タンパク質代謝

タンパク質は摂取されると胃のペプシンでおおまかに長いペプチドに分解される（１８３６年、ドイツ・シュワンにより発見）。
十二指腸で膵液中のキモトリプシン、トリプシンで小さいペプチドに分解される。
小腸でペプチダーゼによりアミノ酸にまで分解され、門脈を通って吸収される。

アミノ酸は窒素原子を含むアミノ基とその他の炭素原子でできた部分からできている。
アミノ酸のうちアミノ基はグルタミン酸に取り込まれるがその他の炭素骨格の部分はTCA回路や糖新生、脂肪酸合成に使われる。

分解して出たアンモニアは有毒なため肝臓の尿素回路で尿素になり腎臓で排泄される。

# 第8章　核酸代謝

ヒトの核酸はDNA，RNAである。
遺伝子をコードしている。
DNA、RNAは糖、リン酸、塩基から成る。
糖の部分（DNAの場合はデオキシリボース、RNAはリボース）はペントースリン酸回路で生合成される。
塩基は複雑な合成経路で合成される。

DNA、RNAが分解されるとどうなるか。
ピリミジン塩基（チミジン、シトシン、ウラシル）は分解されてTCA回路に入り代謝され二酸化炭素になる。
プリン塩基（アデニン、グアニン）は分解されず途中で止まり尿酸になる。
尿酸は生活習慣病だとたまって関節などで析出し痛風になる。

# 第9章　ビタミン

三大栄養素以外で必須の栄養素として１８９０年にオランダ・エイクマンが米ぬかに可能性を見出し、１９１１年に鈴木梅太郎が発見し、１９１２年にポーランド・フンクがビタミンと名付けた。

水溶性ビタミン（水に溶ける）と
脂溶性ビタミン（水に溶けない）
がある。

水溶性ビタミンはB1，B2，B6，ナイアシン、C、葉酸、ビオチン、リポ酸、パントテン酸
脂溶性ビタミンはA、D、E

表　ビタミンの種類とその欠乏症

| 名前 | 欠乏症 |
|---|---|
| ビタミンB1 | 脚気、多発性神経炎、ウェルニッケ脳症 |
| ビタミンB2 | 口角炎、口唇炎 |
| ビタミンB6 | 皮膚炎、貧血 |
| ナイアシン | ペラグラ |
| ビタミンB12 | 悪性貧血 |
| 葉酸 | 妊娠時胎児奇形、（巨赤芽球性）貧血 |
| ビオチン | 皮膚炎 |
| パントテン酸 | 皮膚炎 |
| ビタミンC | 壊血病 |

演習問題　以下の空欄を埋めよ。

表　ビタミンの種類とその欠乏症

| 名前 | 欠乏症 |
| --- | --- |
| ビタミンB1 | |
| ビタミンB2 | |
| ビタミンB6 | |
| ナイアシン | |
| ビタミンB12 | |
| 葉酸 | |
| ビオチン | |
| パントテン酸 | |
| ビタミンC | |

# 第10章　水と無機物

水は生体に必須である。
無機物（ミネラル）も必須である。

細胞内液　$K^+$, $PO_4^{3-}$
細胞外液　$Na^+$, $Cl^-$

水分調節のホルモンは２つある。

１　抗利尿ホルモン

血液量すなわち体内の循環水分量の減少、あるいは血漿浸透圧の増加があると脳下垂体後葉から出る。腎臓での水の再吸収を増加させ血液量を回復させる。

２　アルドステロン
下痢、発汗、出血、ナトリウムの減少で血液量が低下するとレニン分泌が増加する。分泌されたレニンはアンジオテンシノーゲンに働いてアンジオテンシンIを生成する。アンジオテンシンIはアンジオテンシン変換酵素(ACE)によりアンジオテンシンIIに変換される。アンジオテンシンIIはアルドステロン分泌を増加させ、腎臓でのナトリウムと水の再吸収を増加させ血液量が回復する

カルシウムの調節ホルモンには３つある。

ビタミンD　カルシウムを増加
パラソルモン：カルシウムを増加
カルシトニン：カルシウムを減少

血糖値を上げるもの（グリコーゲン分解促進、アミノ酸からの糖新生促進、グルコースを血中に放出）は
グルカゴン、チロキシン、成長ホルモン、アドレナリン、グルココルチコイド
血糖値を下げるもの（グルコースの取り込み増加、グリコーゲン合成促進、中性脂肪合成促進)
インスリン

血液量が減るとバソプレッシンが分泌され腎臓での水の再吸収が増えて（尿量が減少）血液量が増える。

腎臓からはレニンが分泌されアンジオテンシンIIによりアルドステロン分泌が増加し血管を収縮させる。

演習問題　下線部を埋めよ。

水は生体に必須である。
無機物（ミネラル）も必須である。

細胞内液　__$^{+}$，______$^{3-}$
細胞外液　____$^{+}$，$Cl^{-}$

水分調節のホルモンは２つある。

１　______ホルモン

血液量すなわち体内の循環水分量の減少、あるいは血漿浸透圧の増加があると脳下垂体後葉から出る。腎臓での水の再吸収を増加させ血液量を回復させる。

２　________________
下痢、発汗、出血、ナトリウムの減少で血液量が低下するとレニン分泌が増加する。分泌されたレニンはアンジオテンシノーゲンに働いてアンジオテンシンIを生成する。アンジオテンシンIはアンジオテンシン変換酵素(ACE)によりアンジオテンシンIIに変換される。アンジオテンシンIIはアルドステロン分泌を増加させ、腎臓でのナトリウムと水の再吸収を増加させ血液量が回復する

カルシウムの調節ホルモンには３つある。

ビタミン__　カルシウムを増加
_________：カルシウムを増加
_________　：カルシウムを減少

血糖値を上げるもの（グリコーゲン分解促進、アミノ酸からの糖新生促進、グルコースを血中に放出）は
_________、チロキシン、成長ホルモン、____________、________________
血糖値を下げるもの（グルコースの取り込み増加、グリコーゲン合成促進、中性脂肪合成促進）
インスリン

血液量が減るとバソプレッシンが分泌され腎臓での水の再吸収が増えて（尿量

が減少）血液量が増える。

腎臓からは＿＿＿＿＿が分泌されアンジオテンシンIIによりアルドステロン分泌が増加し血管を収縮させる。

# 第 11 章　微生物学の成立と発展

B.C.460-375　古代ギリシャ　ヒポクラテス　瘴気（ミアズマ）説
A.D.980 イラク・イブン・アル＝ハイサム 光学の書　レンズの発明
1280 イタリア・ベネチアで眼鏡の発明
1483-1553　イタリア・フラカストロ　接触感染（コンタギオン）説
1590 オランダ・ハンス・ヤンセン　顕微鏡の発明
1632-1723　オランダ・レーウェンフック　微生物の発見
1730－1830 微生物の自然発生説
1798　イギリス・ジェンナー　種痘法の開発
1860　オーストリア・ゼンメルワイス　産褥熱の観察から手指消毒の提唱
1867　イギリス・リスター　外科手術へのフェノール使用
1878　ドイツ・コッホ　固形培地の考案・純粋培養の確立
1880　フランス・パスツール　自然発生説の否定、狂犬病ワクチンの開発
1878-1913　コッホや北里柴三郎、志賀潔、野口英世らにより結核菌やコレラ菌、ペスト、梅毒菌など多くの病原微生物の分離
1892　ロシア・イワノフスキー　タバコモザイクウィルスの発見
1910　ドイツ・エールリッヒ・秦佐八郎がサルバルサン開発（化学療法創始）
1928　イギリス・フレミング　抗生物質発明による細菌感染症の激減
1935　アメリカ・スタンレー　ウィルスの結晶化　ウィルスが非生物であることの確立
1953-　ワトソンとクリックの DNA 二重らせん構造提唱→分子生物学が発展し、多くの病原ウィルスが同定された。
1977-抗ウィルス薬の登場

１９４０年代以降は薬剤耐性菌が問題になっている。例：メチシリン耐性黄色ブドウ球菌（MRSA)、バンコマイシン耐性黄色ブドウ球菌（VRSA)、バンコマイシン低度耐性黄色ブドウ球菌（VISA)、バンコマイシン耐性腸球菌（VRE)、多剤耐性緑膿菌（MDRP)、多剤耐性結核菌（MDR-TB)、多剤耐性アシネトバクター属（MDRA)、ペニシリン耐性肺炎球菌（PRSP)、カルバペネム耐性腸内細菌科細菌

# 第12章　微生物の形態的特徴

さまざまな形態的特徴があるが棲息環境をある程度反映している。

表　細菌の特徴とその由来

| 菌の特徴 | 由来 |
| --- | --- |
| グラム陽性 | 面の皮厚い、土壌由来、自然界由来、芽胞形成多い |
| グラム陰性 | 面の皮薄い、体内、粘膜 |
| 桿菌 | 土壌由来多い、芽胞形成多い |
| 球菌 | 上気道、泌尿器、生殖器 |
| らせん菌 | 腸管、泌尿器、生殖器 |
| 好気性 | 上気道、皮膚 |
| 絶対嫌気性 | 大腸 |
| 通性嫌気性 | 小腸から大腸 |

桿菌　自然界で固い構造を作って生き抜く

球菌　粘膜に付着して定着

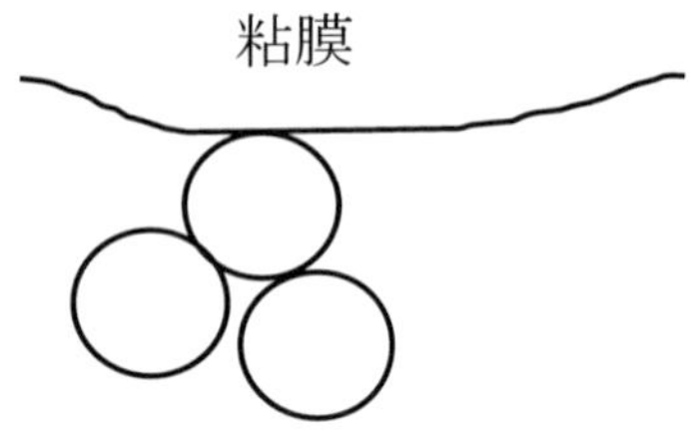


らせん菌　ドリル状に腸管の柔毛運動にドリル状運動で抵抗して定着

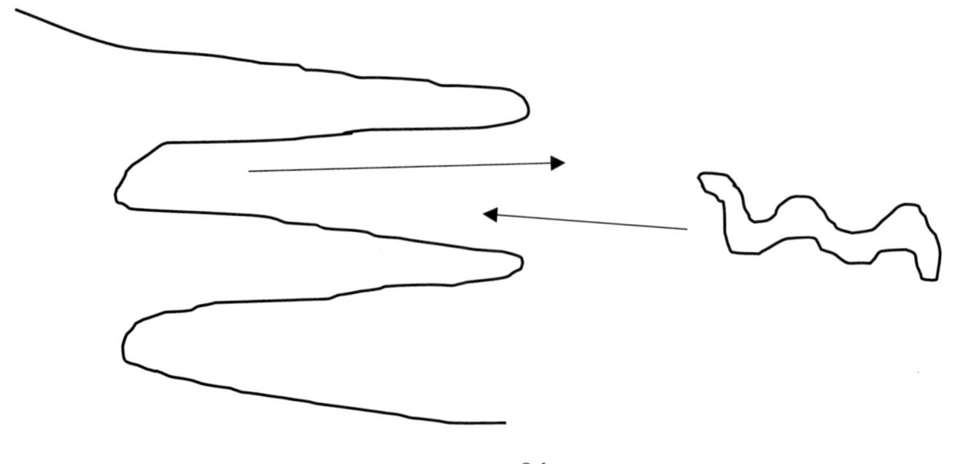

真菌の基本形は
動物や植物にとりつくとき　糸状菌の形態で皮膚に侵入する　胞子を作って増える。
その後動物や植物の内部に入ると　内部の血液や循環液を高速に広がるために酵母型の形態をとる。

胞子を作る形態

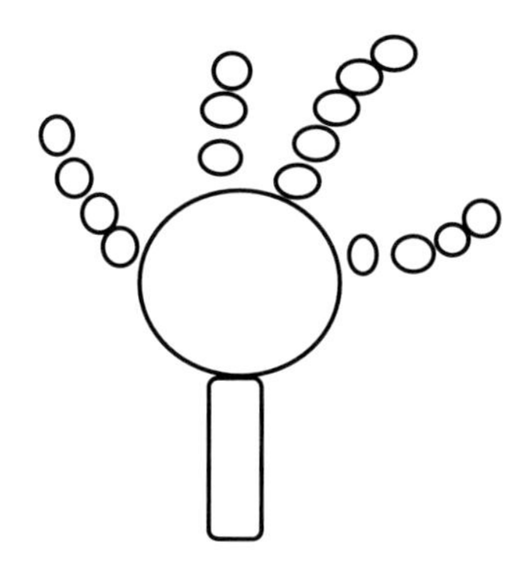

糸状菌型形態（先端成長をする）

酵母型形態（出芽あるいは分裂して増える）

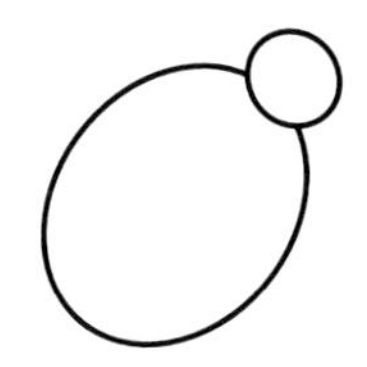

真菌の繁殖戦略

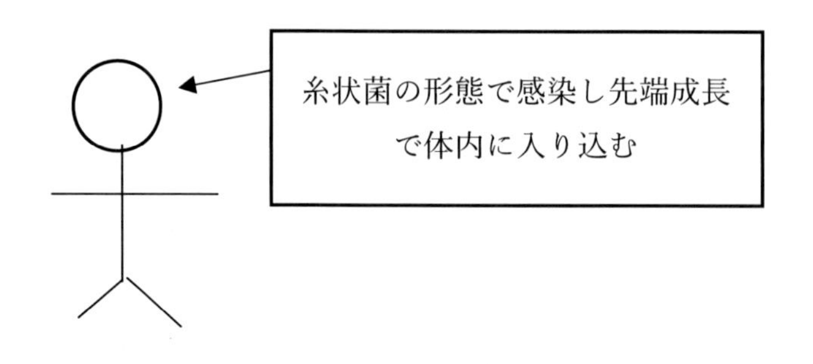


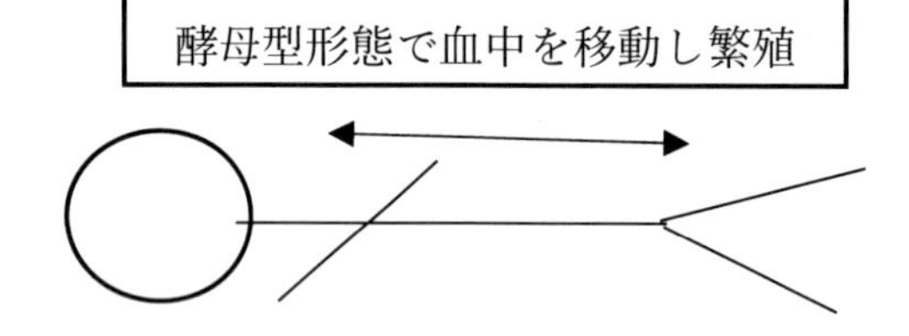


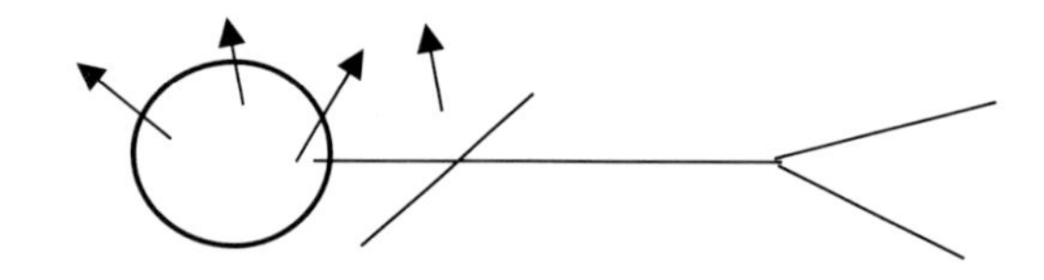


長年、宿主の中で感染微生物として世代を重ねた真菌では（病原微生物、食中毒微生物）酵母型の形態だけになる場合がある。
長年宿主への感染を経ないで世代を重ねた真菌では酵母型の形態をとらなくなることがある。

胞子形成菌の生存戦略
土壌は直射日光で200℃、300℃に上昇する。
従って土壌で生き抜くには100℃よりも高い温度で死なない必要がある。
そのために胞子を形成する仕組みを身に着けた。これから土壌が200－300℃に上がっても生き残ることができる。

腸内細菌の生存戦略

腸内には酸素がないため、酸素がなくても生きれるような仕組みを身に着けて嫌気性になった。大腸にはまったく酸素がないので絶対嫌気性、小腸には少し酸素があるので通性嫌気性である。

球菌の生存戦略

外側にかたい殻もないため、自然界に出ると死んでしまう。
ヒトの粘膜に付着して生き残る生存戦略をとることになった。
ヒトの血液から栄養を取る→溶血性のあるものあり。

皮膚の常在菌の生存戦略

毛穴には皮脂が多く分泌されるため皮脂を栄養として生き抜く。
汗が出るので塩分濃度が高く耐塩性があるものが多い。
毛穴には酸素が少なくなるため通性嫌気性が多い。

# 第 13 章　常在細菌叢

常在細菌叢とは体のあちこちにいる菌のことである。
健康な人なら問題ないが免疫が下がった人には日和見感染を起こすことがある。

表　臓器と常在細菌

| 場所 | 常在細菌 |
| --- | --- |
| 口腔 | レンサ球菌、ブドウ球菌、フソバクテリウム属、ポルフィロモナス属 |
| 上気道 | レンサ球菌、インフルエンザ菌、肺炎球菌、黄色ブドウ球菌、表皮ブドウ球菌、コリネバクテリウム属 |
| 胃 | ヘリコバクター・ピロリ |
| 大腸 | バクテロイデス、乳酸菌、大腸菌、腸球菌、フソバクテリウム属、ビフィドバクテリウム属、ユウバクテリウム属 |
| 皮膚 | 表皮ブドウ球菌、黄色ブドウ球菌、レンサ球菌、真菌類 |
| 尿道、膣 | ブドウ球菌、カンジダ属、乳酸桿菌、B 群レンサ球菌属 |

演習問題　空欄を埋めよ。

表　臓器と常在細菌

| 場所 | 常在細菌 |
| --- | --- |
| 口腔 | |
| 上気道 | |
| 胃 | |
| 大腸 | |
| 皮膚 | |
| 尿道、<br>膣 | |

# 第 14 章　産業的に利用されている微生物

我々の身の回りにある微生物の一部は、産業的な有用性から食品製造などに使われてきた。これらは家畜化されたことによりゲノム自体が自然界のものとは変わってしまっている。乳酸菌は乳酸を作る微生物であるが *Lactobacillus, Lactococcus* など多様性に富む。

表　産業と微生物

| 産業 | 役割 | 微生物名 |
|---|---|---|
| ヨーグルト | 乳酸発酵 | 乳酸菌 *Lacticaseibacillus casei* など |
| アルコール | エタノール発酵 | 子嚢菌門　出芽酵母 *Saccharomyces cerevisiae* |
| 発酵産業 | 糖化 | 子嚢菌門　麹菌 *Aspergillus oryzae/Aspergillus luchuensis* |
| 味噌・醤油 | 酸性化 | 耐塩性乳酸菌 *Tetragenococcus halophilus*<br>耐塩性酵母 *Zygosaccharomyces rouxii* |
| キムチ | 乳酸発酵 | 乳酸菌等 *Leuconostoc citreum* など |
| ザワークラフト | 乳酸発酵 | 乳酸菌等 *Lacticaseibacillus casei* など |
| しいたけ | 菌体生産 | 担子菌門 *Lentinula edodes* |

# 第 15 章　微生物の起こす感染症

ウィルスの場合、エンベロープ（ウィルスの外側にある膜）があるものには○、ないものには×をつけてある。エンベロープがあるとアルコールで失活させやすい。

表　微生物の起こす感染症

| 微生物 | 病気 |
|---|---|
| **細菌** | |
| 黄色ブドウ球菌 | 化膿症、毒素型食中毒、剥脱性皮膚炎 |
| レンサ球菌 | 猩紅熱 |
| 緑膿菌 | 日和見感染症 |
| 百日咳菌 | 百日咳 |
| レジオネラ菌 | ポンティアック熱 |
| 大腸菌 | 腸管出血性大腸菌、ベロ毒素 |
| チフス菌 | チフス（感染型食中毒）ウィダール反応 |
| 赤痢菌 | 赤痢 |
| セレウス菌 | 毒素型食中毒 |
| ボツリヌス菌 | 毒素型食中毒 |
| ウェルシュ菌 | 感染型食中毒、ガス壊疽 |
| 腸炎ビブリオ | 感染型食中毒 |
| カンピロバクター・ジェジュニ | 感染型食中毒 |
| インフルエンザ菌 | 肺炎 |
| 炭疽菌 | 炭疽 |
| ジフテリア菌 | ジフテリア、異染小体、シック反応 |
| リステリア菌 | 周産期リステリア症 |
| 結核菌 | 結核、チールネールゼン染色、ツベルクリン反応、BCG ワクチン |
| らい菌 | ハンセン病 |
| ヘリコバクターピロリ | 胃炎 |

| | |
|---|---|
| 破傷風菌 | 牙関緊急、破傷風 |
| クラミジア | 非淋菌性尿道炎 |
| トリコモナス | 膣トリコモナス症 |
| トレポネーマ | 梅毒、ワッセルマン反応 |
| カンジダ・アルビカンス | 膣カンジダ症 |
| ボレリア | 回帰熱・ライム病 |
| レプトスピラ | ワイル病 |
| マイコプラズマ | 肺炎 |
| オリエンチア・ツツガムシ | ツツガムシ病 |
| リケッチア | 発疹熱、ワイル・フェリックス反応 |
| クラミドフィラ | オウム病・肺炎 |
| 淋菌 | 淋病・膿漏眼 |
| **ウィルス** | |
| パピローマウィルス | 子宮頸がん　× |
| パルボウィルス | 伝染性紅斑　× |
| EB ウィルス | 上咽頭がん、バーキットリンパ腫　○ |
| JC ウィルス | 進行性多巣性白質脳症　× |
| アデノウィルス | 咽頭結膜熱、流行性角膜炎、急性出血性膀胱炎　× |
| ヒトヘルペスウィルス８型 | カポジ肉腫　○ |
| ポリオウィルス | 急性灰白髄炎、小児麻痺　× |
| コクサッキーウィルス | 手足口病　× |
| ロタウィルス | 冬期急性下痢症　× |
| ノロウィルス | 冬期急性下痢症　× |
| 日本脳炎ウィルス | 日本脳炎、コダカアカイエカ○ |
| ウェストナイルウィルス | ウェストナイル熱　○ |
| A 型/E 型肝炎ウィルス | 肝臓がん　○ |
| B 型/C 型肝炎ウィルス | 肝臓がん　○ |
| SARS コロナウィルス | 重症急性呼吸器症候群　○ |
| MERS コロナウィルス | 中東呼吸器症候群　○ |

| | |
|---|---|
| COVID-19 | 新型コロナウィルス肺炎　○ |
| インフルエンザウィルス | インフルエンザ　○ |
| インフルエンザ H5N1 | 鳥インフルエンザ　○ |
| インフルエンザ H7N9 | 鳥インフルエンザ　○ |
| ムンプスウィルス | 流行性耳下腺炎　○ |
| ラッサウィルス | ラッサ熱　○ |
| SFTS ウィルス | 重症熱性血小板減少症候群○ |
| マールブルグウィルス | マールブルグ病○ |
| エボラウィルス | エボラ出血熱○ |
| 狂犬病ウィルス | 狂犬病○ |
| ハンタウィルス | 腎症候性出血熱○ |
| HIV ウィルス | 後天性免疫不全症候群○ |
| HTLV-1 | 成人 T 細胞白血病○ |
| **真菌** | |
| トリコフィトン属菌 | 白癬 |
| クリプトコッカス・ネオフォルマンス | クリプトコッカス症 |
| **原虫** | |
| ランブル鞭毛虫 | ジアルジア症 |
| トリパノソーマ | アフリカ睡眠病、シャーガス病（ツェツェバエ） |
| マラリア原虫 | マラリア（ハマダラカ） |
| クリプトスポリジウム | クリプトスポリジウム症（経口） |
| リーシュマニア | カラアザール・サシチョウバエ |

これらの病原体を扱うときには標準予防策（スタンダードプレコーション）を遵守する。
標準予防策は、汗を除くすべての人の分泌物、血液、体液、排泄物、創傷のある皮膚、及び粘膜には感染性がある可能性を考え、手指衛生を守り、適切な個人用防護具を着用するとともに、交差感染対策と職業感染対策を取ることをいう。
手指衛生はアルコールによる擦式手指消毒、石鹸と流水による手洗い、爪を切ること、腕時計を外し手首まで洗うこと、長そでの場合には腕まくりをして手洗いすることから成る。

演習問題　空欄を埋めよ。

表　微生物の起こす感染症

| 微生物 | 病気 |
| --- | --- |
| 黄色ブドウ球菌 | |
| | 猩紅熱 |
| 緑膿菌 | |
| 百日咳菌 | 百日咳 |
| レジオネラ菌 | |
| 大腸菌 | ＿＿＿＿＿、＿＿毒素 |
| チフス菌 | チフス（感染型食中毒）<br>、＿＿＿＿＿反応 |
| 赤痢菌 | 赤痢 |

| セレウス菌 | |
|---|---|
| ボツリヌス菌 | |
| ウェルシュ菌 | |
| 腸炎ビブリオ | |
| カンピロバクター・ジェジュニ | |
| インフルエンザ菌 | |
| 炭疽菌 | 炭疽 |
| ジフテリア菌 | ジフテリア、異染小体<br>__________反応 |
| リステリア菌 | |
| 結核菌 | 結核、__________染色、<br>______反応、______ワクチン |

| らい菌 | ________病 |
| --- | --- |
| ヘリコバクターピロリ | |
| 破傷風菌 | |
| クラミジア | |
| トリコモナス | 膣トリコモナス症 |
| トレポネーマ | ________、__________反応 |
| カンジダ・アルビカンス | |
| ボレリア | |
| レプトスピラ | |
| マイコプラズマ | |

| | |
|---|---|
| | ツツガムシ病 |
| リケッチア | ＿＿＿＿＿＿、＿＿＿＿＿＿反応 |
| クラミドフィラ | |
| 淋菌 | |
| パピローマウィルス | |
| パルボウィルス | |
| EB ウィルス | ＿＿＿＿がん、＿＿＿＿＿＿ |
| JC ウィルス | |
| | 咽頭結膜熱、流行性角膜炎、急性出血性膀胱炎 |
| ヒトヘルペスウィルス８型 | |

| | |
|---|---|
| ポリオウィルス | |
| コクサッキーウィルス | |
| ロタウィルス | |
| ノロウィルス | |
| 日本脳炎ウィルス | ＿＿＿＿＿、コダカアカイエカ |
| ウェストナイルウィルス | ウェストナイル熱 |
| A 型/E 型肝炎ウィルス | |
| B 型/C 型肝炎ウィルス | |
| SARS コロナウィルス | |
| MERS コロナウィルス | |

| COVID-19 | 新型コロナウィルス肺炎 |
|---|---|
| インフルエンザウィルス | インフルエンザ |
| インフルエンザ H5N1 | |
| インフルエンザ H7N9 | |
| ムンプスウィルス | |
| ラッサウィルス | ラッサ熱 |
| SFTS ウィルス | |
| マールブルグウィルス | マールブルグ病 |
| エボラウィルス | エボラ出血熱 |
| 狂犬病ウィルス | 狂犬病 |

| ハンタウィルス | |
|---|---|
| HIV ウィルス | |
| HTLV-1 | |
| トリコフィトン属菌 | |
| クリプトコッカス・ネオフォルマンス | クリプトコッカス症 |
| ランブル鞭毛虫 | |
| トリパノソーマ | ______病、シャーガス病（______バエ） |
| マラリア原虫 | マラリア（______カ） |
| クリプトスポリジウム | クリプトスポリジウム症（経口） |
| リーシュマニア | |

# 第16章　消毒薬

歴史的に使われてきておりその安全性が証明されている。

表　消毒薬とその対象

| 消毒薬 | 対象 | 有効 | 無効 |
|---|---|---|---|
| エタノール | 手指、皮膚、注射器具、手術用器具 | 細菌、真菌、エンベロープありウィルス | 芽胞、B型肝炎ウィルス |
| クロルヘキシジングルコン酸塩 | 手指、皮膚、注射器具、手術用器具器具の消毒、外陰部・外性器の消毒、創傷の消毒 | 細菌、真菌、エンベロープありウィルス | 結核菌、B型肝炎ウィルス、芽胞 |
| 次亜塩素酸ナトリウム | 排泄物、医療器具（金属腐食性） | 細菌、真菌、ウィルス（B型肝炎）、芽胞 | |
| ポピドンヨード | 手術部位、皮膚、外陰部 | 結核菌を含む細菌、真菌、ウィルス | 芽胞 |
| 紫外線 | 手術室、細菌検査室 | 細菌、真菌、ウィルス、芽胞 | 直接当たらない箇所 |
| エチレンオキシドガス | ゴム・プラスチック製品 | 細菌、真菌、ウィルス、芽胞 | |
| 高圧蒸気滅菌 | 衣服、タオル、手術器具 | 細菌、真菌、ウィルス、芽胞 | |
| オキシドール | 創傷、口腔、咽頭 | 細菌、真菌、ウィルス | 芽胞 |
| ホウ酸 | 洗眼、点眼 | 細菌、真菌、ウィルス | 芽胞 |
| ベンザルコニウム塩酸塩 | 手指 | 細菌、真菌、ウィルス | 結核菌、B型肝炎ウィルス、芽胞 |
| グルタラール | 内視鏡 | 細菌、真菌、ウィルス、芽胞 | |

演習問題　下線部を埋めよ。

表　消毒薬とその対象

| 消毒薬 | 対象 | 有効 | 無効 |
| --- | --- | --- | --- |
| エタノール | 手指、皮膚、注射器具、手術用器具 | ＿＿＿＿＿＿ | 芽胞、B 型肝炎ウィルス |
| クロルヘキシジングルコン酸塩 | 手指、皮膚、注射器具、手術用器具器具の消毒、外陰部・外性器の消 | 細菌、真菌、エンベロープありウィルス | ＿＿＿＿＿＿ |
| 次亜塩素酸ナトリウム | 排泄物、医療器具（金属腐食性） | ＿＿＿＿＿＿ | |
| ポピドンヨード | ＿＿＿＿＿＿ | 結核菌を含む細菌、真菌、ウィルス | 芽胞 |
| 紫外線 | 手術室、細菌検査室 | ＿＿＿＿＿＿ | 直接当たらない箇所 |
| エチレンオキシドガス | ＿＿＿＿＿＿ | 細菌、真菌、ウィルス、芽胞 | |
| 高圧蒸気滅菌 | ＿＿＿＿＿＿ | 細菌、真菌、ウィルス、芽胞 | |

| オキシドール | ―――― | 細菌、真菌、ウィルス | 芽胞 |
|---|---|---|---|
| ホウ酸 | ―――― | 細菌、真菌、ウィルス | 芽胞 |
| ベンザルコニウム塩酸塩 | 手指 | ―――― | 結核菌、B型肝炎ウィルス、芽胞 |
| グルタラール | ―――― | 細菌、真菌、ウィルス、芽胞 | |

# 第17章　感染症法に定める感染症

表　感染症法に定める感染症

| | 病気 |
|---|---|
| 1類感染症 | エボラ出血熱、クリミアーコンゴ出血熱、天然痘、南米出血熱、ペスト、マールブルク病、ラッサ熱 |
| 2類感染症 | 急性灰白髄炎、結核、ジフテリア、SARS、MERS、鳥インフルエンザ(H5N1，H7N9) |
| 3類感染症 | コレラ、細菌性赤痢、腸管出血性大腸菌感染症、腸チフス、パラチフス |
| 4類感染症 | 狂犬病、E型肝炎、ウェストナイル熱など |
| 5類感染症 | インフルエンザなど |

演習問題　空欄を埋めよ。

表　感染症法に定める感染症

| | 病気 |
|---|---|
| １類感染症 | |
| ２類感染症 | |
| ３類感染症 | |
| ４類感染症 | 狂犬病、E 型肝炎、ウェストナイル熱など |
| ５類感染症 | インフルエンザなど |

微生物は危険度によってクラス分けされており、クラスによって扱える施設が異なる。

クラス1　マウス、稲、大腸菌K12株、酵母、非病原性バクテリオファージ、植物ウィルス
クラス2　赤痢菌、コレラ菌、マウスレトロウィルス、ヒトアデノウィルス、日本脳炎ウィルス、ワクシニアウィルス
クラス3　炭疽菌、結核菌、ペスト菌、チフス菌、HIV1、SARSコロナウィルス、西ナイルウィルス
クラス4　エボラ、ラッサ、二パウィルス、天然痘ウィルス

# 第18章　遺伝子研究の進歩

１　歴史

遺伝　太古から子供が親に似ていることは知られていた。これを遺伝と呼んだ。その実態はわかっておらず、魂だとか血で伝達されるとか考えられていた。そのこともあり支配階級では近親交配による遺伝病が多発していた

１８５０年代　メンデルが遺伝を伝える物質、遺伝子が存在することを数式で証明したが学会では無視された　その後遺伝子が物質としてなんであるかは不明のまま
１９０４年　メンデルの法則の再発見
１９４４年　グリフィスの実験やアベリーの実験で病原性を伝える因子が肺炎双球菌にありそれがDNAであると考えられた
１９５３年　ワトソンとクリック、ウィルキンス、フランクリンによりDNAが二重らせん構造をとることが解明される→遺伝子の本体はDNAであることが証明される
１９７４年　DNAクローニング技術の開発→インスリンなどの生産が可能に
１９７７年　サンガ―によりDNA配列が解析可能に
１９８３年　PCRが考案される→DNAを自在に増やすことが可能に
２００５年　次世代ゲノム解析技術が考案される→人間の遺伝子全体を読むことが可能に

２　遺伝子発現

真核生物のDNAはイントロンとエキソンからなり、mRNAに転写された後、スプライシングでイントロンが切り出されエキソンだけになり、デオキシリボースの５‘末端にキャップ構造を、３’末端にポリA鎖を付加されタンパク質に翻訳される。

ヒトの染色体は４６本あるがそのうち22本が男女共通で2本ずつあり、残りの2本は男女別の性染色体である。女性ならXX、男性ならXYである。

３　DNAの状態

DNAはタンパク質であるヒストンにくるまれており、ヌクレオソーム（約200塩基対）となり、これが何重にも折りたたまれて染色体となっている。

## PCRの原理

DNAの限られた領域を大量に生産する技術である。
DNAは二本鎖を形成しているが熱を加えると一本鎖に乖離する(Denaturing)。
ここに特定の領域を挟むように短いDNA断片（プライマー）を2本用意して、加える。
温度を下げる(anealing)と再び二本鎖を形成する。
ここでDNA合成酵素を入れておいてその作用する温度にするとDNAを合成して二本鎖になるがプライマーが結合した領域では、プライマー以降だけが二本鎖になる。
ここで再び熱をかけてDNAを一本鎖にし同じことを繰り返す。
するとプライマーに挟まれた領域だけが大量に生産されることになる。

図　PCRの原理

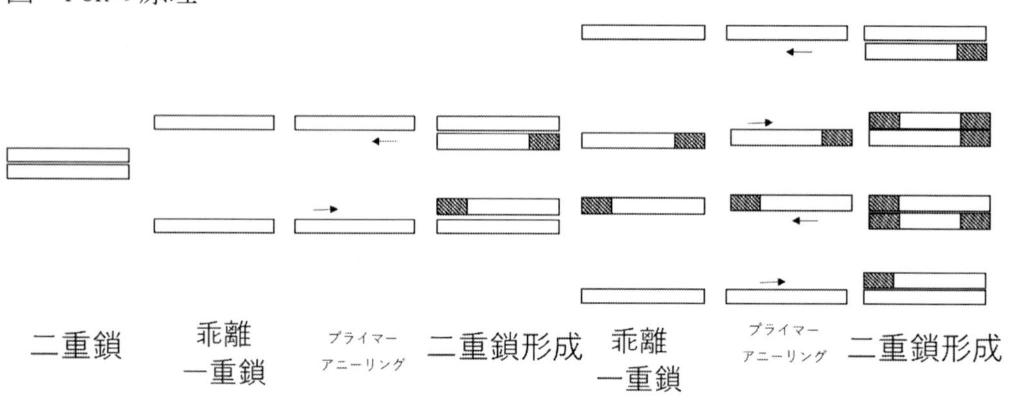


## 演習問題　下線部を埋めよ

真核生物のDNAはイントロンと________からなり、mRNAに____された後、______でイントロンが切り出されエキソンだけになり、デオキシリボースの５‘末端に________構造を、３’末端に______鎖を付加されタンパク質に____される。

ヒトの染色体は____本あるがそのうち２２本が男女共通で2本ずつあり、残りの2本は男女別の性染色体である。女性なら____、男性なら____である。

DNAはタンパク質である________にくるまれており、____________（約200塩基対）となり、これが何重にも折りたたまれて______となっている。

# 第 19 章　ヒトの進化

氷河期の７０万年前にアフリカを出た旧人類はユーラシア大陸とオーストラリア大陸で独自の進化を遂げていた。

７万年前にアフリカを新人類が脱出し中東付近で旧人類と交配した。
異種交配人類となったことで高度な知性を獲得し、世界全体に展開した。
４万年前には東アジアに到達した。

縄文人は漢民族に代表される大陸のアジア人集団（弥生人を含む）と約 3 万 8000 年前から約 1 万 8000 年前までに分離した。

縄文人は 1 万年前までに地続きだった日本に歩いてあるいは狭い海峡を渡って渡来した。
約 1 万年前に日本列島がアジア大陸から孤立した。
その後シベリアを経て東アジアに到着した新モンゴロイド（弥生人）が何度も船で日本列島に渡来した。
稲作技術によって縄文人を征服もしくは合流し日本人を形成していった。
平安時代の朝廷の進出により弥生人は東北に進出した。
明治時代には明治政府が北海道に進出した。
１６０９年の島津藩による琉球王国侵攻が起きた。
これらにより弥生人は全国に進出した。

一般的な日本人なら 1 割の遺伝子が、北海道のアイヌ民族の人々は 7 割の遺伝子が、琉球の人々は 3 割の遺伝子が縄文人由来である。

我々は弥生人と縄文人両方の遺伝的形質を受け継いでいる。
弥生人は中国南部の蚊の多い田園地帯で感染症の遺伝的選抜を受けたため、アルコールを完全に分解せずにアセトアルデヒドのまま保持する遺伝子を受け継いでおり、アルコールに弱い人が多い。アセトアルデヒドは感染症対策だったとする説がある。

# 第20章　血清酵素とその臨床応用

血清とは血液を遠心して血球を取り除いた後の透明な液体である。

酵素はタンパク質でできており物質を変換するための触媒（変換速度を促進する）である。

その血清における濃度は、各種病気の診断に用いられている。

表　臨床診断に用いられる主要血清酵素

| 酵素名 | 臓器 | 主な疾患 |
|---|---|---|
| アミラーゼ | 膵臓、唾液腺 | 膵炎、膵臓腫瘍、唾液腺炎症 |
| 膵臓リパーゼ | 膵臓 | 膵炎 |
| 酸性フォスファターゼ | さまざまな組織 | 前立腺がん |
| アルカリフォスファターゼ | 骨、胆道 | 骨疾患、胆道系疾患 |
| クレアチンキナーゼ | 神経、筋肉 | 神経、筋肉疾患 |
| GOT, GPT | 肝臓、心筋 | 肝炎、心筋梗塞 |
| 乳酸脱水素酵素 | さまざまな組織 | 心筋梗塞、がん、筋肉疾患 |

演習問題　空欄を埋めよ。

表　臨床診断に用いられる主要血清酵素

| 酵素名 | 臓器 | 主な疾患 |
|---|---|---|
| アミラーゼ | 膵臓、唾液腺 | |
| 膵臓リパーゼ | 膵臓 | |
| 酸性フォスファターゼ | さまざまな組織 | |
| アルカリフォスファターゼ | 骨、胆道 | |
| クレアチンキナーゼ | 神経、筋肉 | |
| GOT, GPT | 肝臓、心筋 | |
| 乳酸脱水素酵素 | さまざまな組織 | |

# 第21章　血清の数値と病気

血清の成分とその起こす病気

直接ビリルビン　胆管系の閉塞
間接ビリルビン　溶血性疾患、新生児黄疸
GOT 肝臓の障害
GPT　肝臓の障害
γ-GTP　肝臓の障害
アルカリホスファターゼ　肝臓、胆道系疾患、骨疾患
コリンエステラーゼ　脂肪肝
アルブミン　肝臓の障害
フィブリノーゲン
血清アンモニア
クレアチニン　腎臓の機能障害
PSA　前立腺がん
尿酸　痛風、腎臓の障害
コレステロール　高脂血症
中性脂肪　高脂血症、アルコール性脂肪肝
HbA1c 糖尿病
アミラーゼ　急性膵炎
酸性ホスファターゼ　前立腺がん
LDH　心筋梗塞、がん
クレアチンホスホキナーゼ　心筋梗塞、骨疾患

巨赤芽球とは
造血の場である骨髄において、赤芽球が赤血球に分化する。
しかし異常が起き赤血球に分化せずに、細胞核と細胞質が大きくなったこのを巨赤芽球と呼ぶ。

演習問題　下線部を埋めよ。

血清の成分とその起こす病気

直接ビリルビン　________

間接ビリルビン　________、________

GOT　________

GPT　________

γ-GTP　________

アルカリホスファターゼ　________、________、________

コリンエステラーゼ　________

アルブミン　________

フィブリノーゲン

血清アンモニア

クレアチニン　________

PSA　________

尿酸　________、________

コレステロール　________

中性脂肪　________、________

HbA1c　________

アミラーゼ　________

酸性ホスファターゼ　________

LDH　________、________

クレアチンホスホキナーゼ　________、________

# 第22章　免疫

太古から一度病気にかかると次は軽く済む現象が知られていた（免疫）。
１７９６年　イギリスのジェンナーがワクチンを発明した。
１８７９年　ドイツのエールリッヒが染料で染色して免疫細胞を分類した。
１８９２年　ロシアのメチニコフがマクロファージを発見した。

免疫細胞には次のようなものがある。
貪食能　単球、好中球、マクロファージ、樹状細胞
免疫監視　NK細胞
炎症　肥満細胞、好塩基球、好酸球

好中球　中性でよく染まる　白血球全体の50-70%
好塩基球　塩基性でよく染まる　白血球全体の0.5%
好酸球　酸性でよく染まる 白血球全体の1-3%
単球　マクロファージに分化する　白血球全体の４－６％
リンパ球　T細胞やB細胞を含む　白血球全体の26-43%

１９５６年　米国・グリック、チャングがニワトリのファブリキウス嚢が抗体産生を担うことを発見した。人間の胸腺に当たる。
１９６１年　胸腺でできるT細胞、骨髄でできるB細胞が発見された。
１９７３年　カナダのスタインマンにより樹状細胞が皮膚組織や外界に触れる鼻腔や肺、胃、腸管に存在し抗原提示の機能を担う細胞として発見された。

抗原提示細胞（樹状細胞、マクロファージなど）で抗原（ばいきん）を貪食してヘルパーT細胞に提示する。ヘルパーT細胞がB細胞に抗原の情報を伝える。B細胞は形質細胞に変化し抗体を作って抗原を攻撃する。ヘルパーT細胞はキラーT細胞に抗原の情報を伝える。キラーT細胞は抗原を貪食する。抗原がウィルスの場合は、キラーT細胞がウィルス感染細胞を直接障害する。

１９８５年　利根川進が抗体産生のメカニズムを解明
１９９８年　ボイトラーらがToll like receptorを介した自然免疫を発見

図　免疫細胞の役割

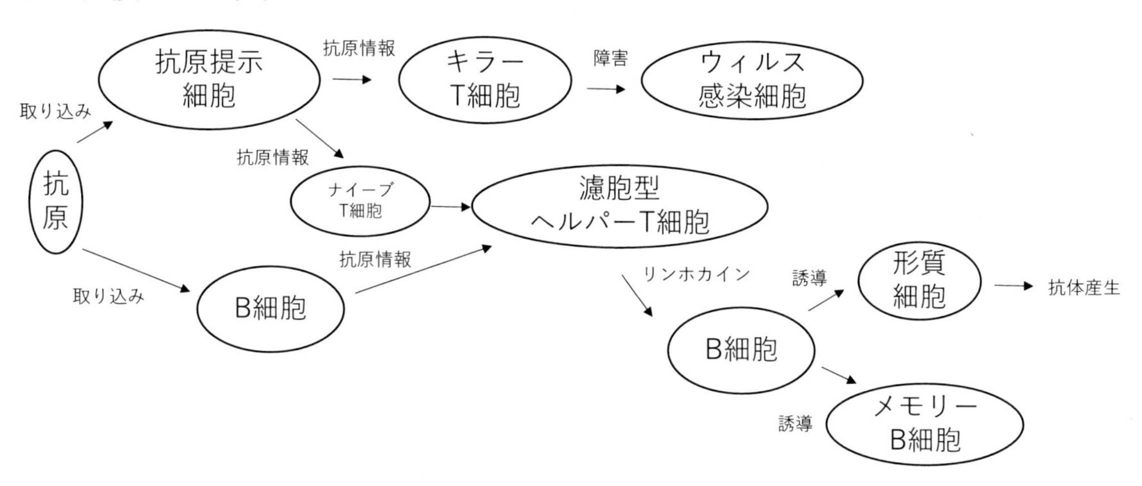

抗原
取り込み
抗原提示
細胞
抗原情報
キラー
T細胞
障害
ウィルス
感染細胞
抗原情報
ナイーブ
T細胞
濾胞型
ヘルパーT細胞
取り込み
B細胞
抗原情報
リンホカイン
誘導
形質
細胞
抗体産生
B細胞
誘導
メモリー
B細胞

演習問題　空欄を埋めよ。

図　免疫細胞の役割

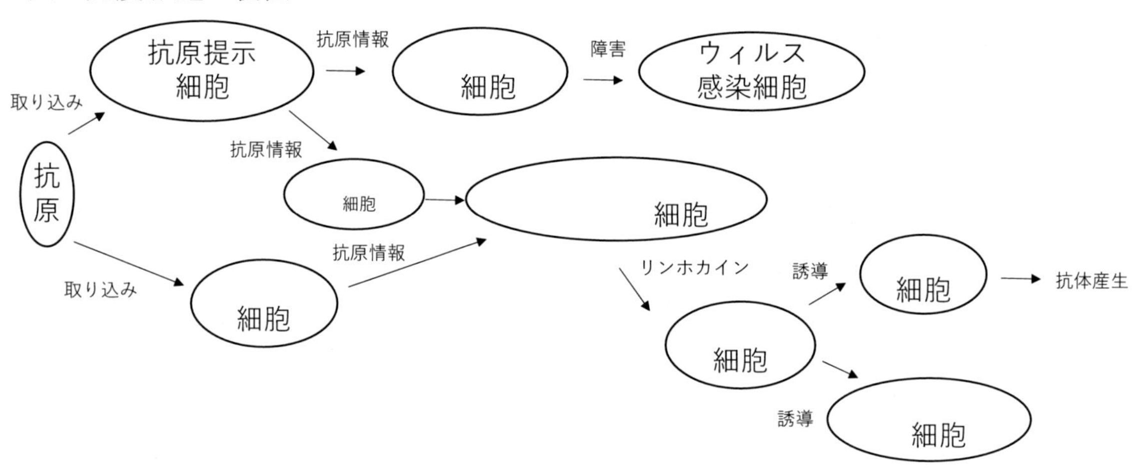

形質細胞が産生する抗体には大きく5種類ある。

表　抗体の種類

| クラス | IgM | IgG | IgA | IgD | IgE |
|---|---|---|---|---|---|
| 比率(%) | 5 | 80 | 14 | 1 | 1 未満 |
| 役割 | 最初に生産される | 感染防御で主要役割 | 分泌型、母乳や呼吸器消化器泌尿器生殖器で働く | B 細胞の表面 | 肥満細胞や好塩基球の表面 I 型アレルギーの原因 |

演習問題　空欄を埋めよ。

表　抗体の種類

| クラス | IgM | IgG | IgA | IgD | IgE |
|---|---|---|---|---|---|
| 比率(%) | 5 | ＿<br>＿<br>＿ | 14 | 1 | 1 未満 |
| 役割 | ＿＿＿＿ | 感染防御で主要役割 | 分泌型、＿＿＿＿<br>＿＿＿＿<br>＿＿＿＿で働く | B 細胞の表面 | ＿＿＿＿＿＿＿細胞の表面　I 型アレルギーの原因 |

感染症の減少に伴い、アレルギーが問題になっており、4種類に分類される。

表　アレルギーの種類

| 型 | I | II | III | IV |
|---|---|---|---|---|
| 関与抗体 | IgE | IgG, IgM | IgG | T 細胞 |
| 抗原 | 花粉、ダニ、食品 | 細胞表面抗原 | 可溶性抗原 | 可溶性抗原 |
| 疾患 | アレルギー性鼻炎、喘息、アトピー性皮膚炎 | 薬物アレルギーによる白血球減少 | 血清病、ループス腎炎 | 接触性皮膚炎、ツベルクリン反応 |

図　抗体の構造　黒い部分は可変領域を表す。白い部分は不可変領域を表す。

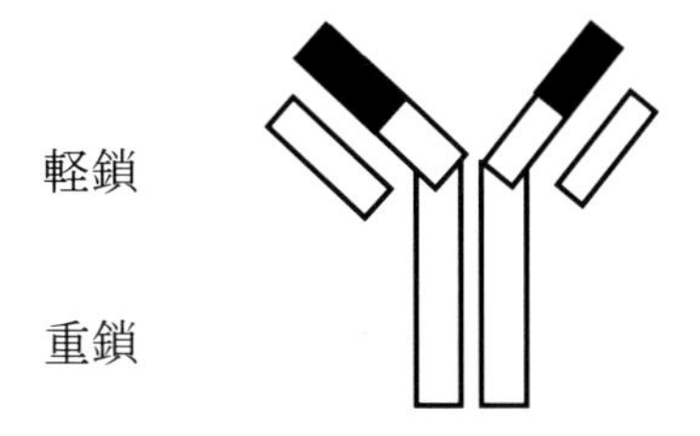

演習問題　空欄を埋めよ。

表　アレルギーの種類

| 型 | I | II | III | IV |
|---|---|---|---|---|
| 関与抗体 | | | | |
| 抗原 | 花粉、ダニ、食品 | 細胞表面抗原 | 可溶性抗原 | 可溶性抗原 |
| 疾患 | | | | |

感染症の減少に伴い、自己免疫疾患が増えており、以下のような疾患が自己免疫疾患であることがわかっている。

表　自己免疫疾患とその臓器

| 病気の名前 | 臓器 |
|---|---|
| 慢性甲状腺炎（橋本病） | 甲状腺 |
| バセドウ病 | 甲状腺 |
| 若年性糖尿病 | 膵臓 |
| 重症筋無力症 | 筋肉 |
| 自己免疫性溶血性貧血 | 赤血球 |
| 悪性貧血 | 胃壁細胞 |
| 潰瘍性大腸炎 | 大腸 |
| 多発性硬化症 | 脳 |
| リウマチ熱 | 心筋、腎基底膜 |
| シェーグレン症候群 | 外分泌腺 |
| 多発性筋炎、皮膚筋炎 | 筋肉、皮膚 |
| 慢性関節リウマチ | IgG |
| 全身性エリテマトーデス | 全身（核、DNA など） |
| 膠原病 | 皮膚・筋肉・関節・血管・骨・内臓に広く存在するコラーゲン |

演習問題　空欄を埋めよ。

表　自己免疫疾患とその臓器

| 病気の名前 | 臓器 |
| --- | --- |
| 慢性甲状腺炎（橋本病） | |
| バセドウ病 | |
| 若年性糖尿病 | |
| 重症筋無力症 | |
| 自己免疫性溶血性貧血 | |
| 悪性貧血 | |
| 潰瘍性大腸炎 | |
| 多発性硬化症 | |
| リウマチ熱 | |
| シェーグレン症候群 | |
| 多発性筋炎、皮膚筋炎 | |
| 慢性関節リウマチ | |
| 全身性エリテマトーデス | |
| 膠原病 | |

現在、多くのワクチンが使われているが抗原の種類によって分かれる。

表　ワクチンの種類

| ワクチン | 抗原 |
|---|---|
| ジフテリア | トキソイド |
| 百日咳 | 成分ワクチン |
| 破傷風 | トキソイド |
| 肺炎球菌 | 成分ワクチン |
| 結核 | 弱毒生ワクチン |
| ポリオ | 不活化ワクチン |
| 麻疹 | 弱毒生ワクチン |
| 水痘 | 弱毒生ワクチン |
| 日本脳炎 | 不活化ワクチン |
| インフルエンザ | 不活化ワクチン |
| おたふくかぜ | 弱毒生ワクチン |
| B 型肝炎 | 成分ワクチン |
| 狂犬病 | 不活化ワクチン |
| 子宮頸がん | 成分ワクチン |
| ロタウィルス | 弱毒生ワクチン |

市区町村が法律に基づいて実施する定期接種と自主的に受ける任意接種がある。

| | ワクチン名 | 感染症 |
|---|---|---|
| 定期接種（A類疾病） | Hibワクチン | 細菌性髄膜炎 |
| 定期接種（A類疾病） | 小児用肺炎球菌ワクチン | 肺炎球菌感染症 |
| 定期接種（A類疾病） | B型肝炎ワクチン | B型肝炎 |
| 定期接種（A類疾病） | ロタウィルスワクチン | 感染性胃腸炎 |
| 定期接種（A類疾病） | 4種混合ワクチン | ジフテリア、百日咳、破傷風、ポリオ |
| 定期接種（A類疾病） | BCGワクチン | 結核 |
| 定期接種（A類疾病） | MRワクチン | 麻疹、風疹 |
| 定期接種（A類疾病） | 水疱ワクチン | みずぼうそう |
| 定期接種（A類疾病） | 日本脳炎ワクチン | 日本脳炎 |
| 定期接種（A類疾病） | ヒトパピローマワクチン | 子宮頸がん |
| 定期接種（B類疾病） | インフルエンザワクチン | インフルエンザ（高齢者） |
| 定期接種（B類疾病） | 成人用肺炎球菌ワクチン | 肺炎球菌感染症（高齢者） |
| 任意接種 | おたふくかぜワクチン | おたふくかぜ |
| 任意接種 | インフルエンザワクチン | 一般のインフルエンザ |

| 任意接種 | A型肝炎ワクチン | A型肝炎 |
|---|---|---|
| 任意接種 | 髄膜炎菌ワクチン | 髄膜炎菌感染症 |

<u>演習問題</u>　空欄を埋めよ。

表　ワクチンの種類

| ワクチン | 抗原 |
|---|---|
| ジフテリア | |
| 百日咳 | |
| 破傷風 | |
| 肺炎球菌 | |
| 結核 | |
| ポリオ | |
| 麻疹 | |
| 水痘 | |
| 日本脳炎 | |
| インフルエンザ | |
| おたふくかぜ | |
| B型肝炎 | |
| 狂犬病 | |
| 子宮頸がん<br>ロタウィルス | |

# 第23章　ホルモン

生体の恒常性を維持するのがホルモンで1902年にイギリスのベイリスとスターリングにより発見された。どんな物質からできているかで3種類に分かれる。

**ペプチドホルモン**　インスリン、グルカゴン、副腎皮質刺激ホルモン、抗利尿ホルモン他

**ステロイドホルモン**　副腎皮質ホルモン（アルドステロン（鉱質コルチコイド）、糖質コルチコイド）、ビタミンD、男性ホルモン、女性ホルモン

**アミノ酸性ホルモン**　アドレナリン、サイロキシン、メラトニン

表　ホルモンとその産生臓器、作用

| 産生臓器 | 分泌ホルモン | 作用 | 疾患 |
|---|---|---|---|
| 視床下部 | 成長ホルモン放出ホルモン | 成長ホルモン放出 | |
| 視床下部 | 性腺刺激ホルモン放出ホルモン | 性腺刺激ホルモン放出 | |
| 視床下部 | 甲状腺刺激ホルモン放出ホルモン | 甲状腺刺激ホルモン放出 | |
| 視床下部 | 副腎皮質刺激ホルモン放出ホルモン | 副腎皮質刺激ホルモン放出 | |
| 視床下部 | プロラクチン放出ホルモン | プロラクチン放出 | |

| | | | |
|---|---|---|---|
| 視床下部 | プロラクチン放出抑制因子 | プロラクチン放出抑制 | |
| 視床下部 | 成長ホルモン抑制ホルモン | 成長ホルモン抑制 | |
| 視床下部 | ドーパミン | プロラクチン分泌を抑える、運動調節、ホルモン調節、快の感情、意欲、学習 | 過剰：依存症 |
| 視床下部・下垂体後葉 | オキシトシン | 子宮及び乳腺細胞の収縮促進 | |
| 視床下部・下垂体後葉 | バソプレッシン | 腎での水分再吸収、血管収縮 | 低下　尿崩症 |
| 視床下部・下垂体後葉 | 成長ホルモン | 成長促進、血糖上昇 | 過剰　巨人症<br>不足　小人症 |
| 下垂体前葉 | 甲状腺刺激ホルモン | 甲状腺ホルモン（T4，T3）分泌促進 | |
| 下垂体前葉 | 副腎皮質刺激ホルモン | コルチゾール分泌促進<br>性ホルモン分泌促進 | |
| 下垂体前葉 | プロラクチン | 乳腺形成促進 | |
| 下垂体前葉 | 卵胞刺激ホルモン | エストロゲン分泌、精子形成 | |
| 下垂体前葉 | 黄体形成ホルモン | プロゲステロン分泌、排卵促進 | |

| 松果体 | メラトニン | 睡眠作用、生体リズム調節 | 睡眠障害 |
|---|---|---|---|
| 甲状腺濾胞細胞 | サイロキシン | 代謝促進、酸素消費増大 | 亢進　バセドウ病<br>不足　クレチン病 |
| 甲状腺傍濾胞細胞 | カルシトニン | Ca$^{2+}$低下　骨化促進 | 不足　テタニー |
| 副甲状腺 | パラソルモン | Ca$^{2+}$上昇骨吸収 | 亢進　骨軟化 |
| 膵臓$\alpha$細胞 | グルカゴン | 血糖上昇 | |
| 膵臓$\beta$細胞 | インスリン | 血糖低下 | 低下　糖尿病 |
| 膵臓$\gamma$細胞 | ソマトスタチン | インスリン・グルカゴン分泌抑制 | |
| 副腎皮質 | アルドステロン | Na$^{+}$再吸収促進 | 亢進　アルドステロン症 |
| 副腎皮質 | コルチゾール | 血糖上昇、糖新生、抗炎症、免疫抑制 | 亢進　クッシング症候群<br>不足　アジソン病 |
| 副腎髄質 | ノルアドレナリン、アドレナリン | 末梢血管収縮、心収縮促進、血糖上昇 | 褐色細胞腫 |
| 卵胞 | エストロゲン | 子宮内膜増殖、排卵促進 | 骨粗鬆症 |
| 黄体 | プロゲステロン | 黄体形成、体温上昇 | |
| 精巣 | テストステロン | タンパク質合成、筋肉形成、精子形成 | |

| | | | |
|---|---|---|---|
| 腎臓 | レニン | アンジオテンシンⅠ生成、アルドステロン分泌促進 | 血圧上昇 |
| 腎臓 | エリスロポエチン | 赤血球成熟促進 | 不足　腎性貧血 |

演習問題　下線部を埋めよ。

表　ホルモンとその産生臓器、作用

| 産生臓器 | 分泌ホルモン | 作用 | 疾患 |
|---|---|---|---|
| 視床下部 | ＿＿＿＿＿＿＿＿ホルモン | 成長ホルモン放出 | |
| 視床下部 | ＿＿＿＿＿＿＿＿ホルモン | 性腺刺激ホルモン放出 | |
| 視床下部 | ＿＿＿＿＿＿＿＿ホルモン | 甲状腺刺激ホルモン放出 | |
| 視床下部 | ＿＿＿＿＿＿＿＿ホルモン | 副腎皮質刺激ホルモン放出 | |
| 視床下部 | ＿＿＿＿＿＿＿＿ホルモン | プロラクチン放出 | |
| 視床下部 | ＿＿＿＿＿＿＿＿ホルモン | プロラクチン放出抑制 | |
| 視床下部 | ＿＿＿＿＿＿＿＿ホルモン | 成長ホルモン抑制 | |

| | | | |
|---|---|---|---|
| 視床下部 | ____ | プロラクチン分泌を抑える、運動調節、ホルモン調節、快の感情、意欲、学習 | 過剰：依存症 |
| 視床下部・下垂体後葉 | ____ | 子宮及び乳腺細胞の収縮促進 | |
| 視床下部・下垂体後葉 | ____ | 腎での水分再吸収、血管収縮 | 低下<br>____症 |
| 下垂体前葉 | ____ホルモン | 成長促進、血糖上昇 | 過剰<br>____症<br>不足<br>____症 |
| 下垂体前葉 | ____ホルモン | 甲状腺ホルモン（T4, T3）分泌促進 | |
| 下垂体前葉 | ____ホルモン | コルチゾール分泌促進<br>性ホルモン分泌促進 | |
| 下垂体前葉 | ____ | 乳腺形成促進 | |
| 下垂体前葉 | ____ホルモン | エストロゲン分泌、精子形成 | |
| 下垂体前葉 | ____ホルモン | プロゲステロン分泌、排卵促進 | |
| 松果体 | ____ | 睡眠作用、生体リズム調節 | 睡眠障害 |
| 甲状腺濾胞細胞 | ____ | 代謝促進、酸素消費増大 | 亢進<br>____病<br>不足　クレチン病 |

| | | | |
|---|---|---|---|
| 甲状腺傍濾胞細胞 | ＿＿＿＿＿＿＿＿＿ | $Ca^{2+}$低下　骨化促進 | 不足　テタニー |
| 副甲状腺 | ＿＿＿＿＿＿＿＿＿ | $Ca^{2+}$上昇骨吸収 | 亢進　骨軟化 |
| 膵臓$\alpha$細胞 | ＿＿＿＿＿＿＿＿＿ | 血糖上昇 | |
| 膵臓$\beta$細胞 | ＿＿＿＿＿＿＿＿＿ | 血糖低下 | 低下　糖尿病 |
| 膵臓$\gamma$細胞 | ＿＿＿＿＿＿＿＿＿ | インスリン・グルカゴン分泌抑制 | |
| 副腎皮質 | ＿＿＿＿＿＿＿＿＿ | $Na^{+}$再吸収促進 | 亢進　アルドステロン症 |
| 副腎皮質 | ＿＿＿＿＿＿＿＿＿ | 血糖上昇、糖新生、抗炎症、免疫抑制 | 亢進 ＿＿症候群<br>不足　アジソン病 |
| 副腎髄質 | ＿＿＿＿＿、＿＿＿＿＿ | 末梢血管収縮、心収縮促進、血糖上昇 | 褐色細胞腫 |
| 卵胞 | ＿＿＿＿＿＿＿＿ | 子宮内膜増殖、排卵促進 | 骨粗鬆症 |
| 黄体 | ＿＿＿＿＿＿＿＿＿ | 黄体形成、体温上昇 | |
| 精巣 | ＿＿＿＿＿＿＿＿＿ | タンパク質合成、筋肉形成、精子形成 | |
| 腎臓 | ＿＿＿＿＿＿＿＿＿ | アンジオテンシンⅠ生成、アルドステロン分泌促進 | 血圧上昇 |
| 腎臓 | ＿＿＿＿＿＿＿＿＿ | 赤血球成熟促進 | 不足　腎性貧血 |

# 第24章　脳の構造

表　脳の構造とその機能

| 部位 | 機能 |
| --- | --- |
| 大脳皮質 | 随意運動、体性感覚、感情、記憶、意思、思考、言語、理解、判断 |
| 大脳旧皮質 | 短期記憶、欲求、感情、本能、自律神経 |
| 小脳 | 筋肉運動の調和、姿勢制御、運動記憶 |
| 間脳・視床 | 感覚の大脳への中継 |
| 間脳・視床下部 | 自律神経の中枢（内臓や体温、血糖値）、睡眠 |
| 中脳 | 姿勢制御、眼球運動、瞳孔の開閉 |
| 橋および延髄 | 呼吸と循環、唾液分泌、くしゃみ、嚥下、涙 |
| 脊髄 | 脳と末梢神経の連絡、脊髄反射 |

演習問題　空欄を埋めよ。

表　脳の構造とその機能

| 部位 | 機能 |
|---|---|
| ＿＿＿＿＿＿ | 随意運動、体性感覚、感情、記憶、意思、思考、言語、理解、判断 |
| ＿＿＿＿＿＿ | 短期記憶、欲求、感情、本能、自律神経 |
| 小脳 | 筋肉運動の調和、姿勢制御、運動記憶 |
| 間脳・視床 | 感覚の大脳への中継 |
| ＿＿＿＿＿＿ | 自律神経の中枢（内臓や体温、血糖値）、睡眠 |
| 中脳 | 姿勢制御、眼球運動、瞳孔の開閉 |
| ＿＿＿＿＿＿ | 呼吸と循環、唾液分泌、くしゃみ、嚥下、涙 |
| 脊髄 | 脳と末梢神経の連絡、脊髄反射 |

# 第25章　現在の日本人の病気

2017年の日本人の死因は

第1位　がん　37万3,178人
第2位　心疾患（高血圧性を除く）　20万4,203人
第3位　脳血管疾患10万9,844人
第4位　老衰　10万1,787人

国立がんセンターによれば
2018年の死亡数が多い部位は順に
男性　　1位肺2位胃3位大腸4位膵臓5位肝臓
　　　　大腸を結腸と直腸に分けた場合、結腸4位、直腸7位
女性　1位大腸2位肺3位膵臓4位胃5位乳房
　　　　大腸を結腸と直腸に分けた場合、結腸2位、直腸10位
男女計1位肺2位大腸3位胃4位膵臓5位肝臓
　　　　大腸を結腸と直腸に分けた場合、結腸3位、直腸7位

2017年に新たに診断されたがん（全国がん登録）の数は977,393例（男性558,869例、女性418,510例）である。

令和1年(2019)「国民健康・栄養調査」によると、「糖尿病が強く疑われる人」の割合は男性 19.7%、女性 10.8%にのぼる。

# 第26章　新型コロナウィルスの感染と予防

新型コロナウィルス感染症は国際正式名称がCOVID-19で、SARSコロナウイルス2（SARS-CoV-2)がヒトの上気道に感染することによりは急性呼吸窮迫症候群や敗血症、多臓器不全を引き起こすことがある。2019年に中国で発生し世界に広がりパンデミックとなった。

新型コロナウィルスはその表面のスパイクのタンパク質を用いて細胞側の受容体ACE2（Angiotenisn-converting enzyme2）に結合し感染する。ACE2は上気道や肺だけではなく血管にも発現しておりCOVID-19感染は血管を傷つけ、血栓症も引き起こす。

一般的に気道の感染症は接触感染、飛沫感染と飛沫核感染（飛沫核とは5μm以下の粒子で、空気感染、エアロゾル感染ともいう）により起こるが、COVID-19はこのすべての経路で起きる。

検出にはRT-PCR検査(PCR検査ともいう)か抗原検査を行う。RT-PCR検査は感染初期から検出できるが検査に高価な機器や熟練した技術者が必要で偽陽性、偽陰性（真の結果でないということ）も多い。抗原検査は30分で結果を得ることができ高価な機器が必要ないが発病初期には検出できないという欠点がある。

その予防には手指衛生と換気、飛沫核の放出・吸い込みを防ぐためマスクの着用が必要だと考えられている。手指衛生では新型コロナウィルスへの消毒効果の確認されている、手指の消毒にはエタノールが有効であるが通常の石鹸による手洗いも有効である。次亜塩素酸ナトリウムもある程度は有効であることから、家庭用漂白剤（次亜塩素酸ナトリウム濃度はばらばらなので表示をよく見る）を希釈して0.05%容量の濃度にして使うことで消毒でき、特にドアノブやテーブルなどの物品には有効である。次亜塩素酸水も有効であるが、寿命が短いため有効塩素濃度80ppm以上のものを使うように気をつけなければいけない。

軽症者もしくは症状のない者からも感染が起きるため、マスクの着用は必須である。特に複数人での会食でのリスクが高い。鼻うがいと口うがいは感染リスクを低める可能性があるという報告が出始めており(JoGH,10,1,010332)今後の研究に注目する必要がある。乳酸菌とビタミンDの摂食が感染リスクを下げる可能性があるがまだエビデンスの質が充分ではない。

こうした感染症にかからないためには普段から免疫を高めておくことが必要だが、一旦感染が始まると、免疫反応であるサイトカインストーム（炎症の暴走）で症状が進行することから、抗炎症剤であるデキサメタゾンが有効であることが示され、厚生労働省の診療の手引きに追加掲載された。

2022年2月時点でmRNAを用いた人類初めてのワクチンの接種の有効性が示され普及している。現時点でファイザー社製とモデルナ社製で効果に根本的な違いはない。３回目の接種によりさらに効果を高めることができる。デルタ株、オミクロン株などさまざまな変異株が出てきておりマスクをしていても15分以上50cm以内で会話すれば一定の確率（１４％）で感染が起きてしまうがマスクをして1m離れればほぼ確率はゼロになると予想されている。経口で飲めるコロナ薬であるパスクロビドや抗体カクテル療法が特例承認され普及を待っている段階である。

表　新型コロナウィルス予防効果の期待される対策

| | 予防効果確実 | 予防効果期待されるがエビデンス不充分 | 予防効果に関する情報不明 |
|---|---|---|---|
| 手洗い | ○ | | |
| うがい | ○ | | |
| 換気 | ○ | | |
| ３密防止 | ○ | | |
| 薬剤空間噴霧 | | | ○ |
| マスク | ○ | | |
| 会話時1m距離 | ○ | | |
| ワクチン | ○ | | |
| パクスロビド | ○ | | |
| 抗体カクテル療法 | ○ | | |
| デキサメタゾン | ○ | | |
| 鼻洗浄 | | ○ | |
| 乳酸菌摂取 | | ○ | |
| ビタミンD摂取 | | ○ | |
| 手指エタノール消毒 | ○ | | |
| 手指次亜塩素酸ナトリウム消毒 | | ○ | |
| 集団会食避ける | ○ | | |
| 肥満予防 | ○ | | |
| 糖尿病予防 | ○ | | |
| タンパク質摂取 | | ○ | |

○希釈次亜塩素酸ナトリウム溶液の作り方

次亜塩素酸ナトリウムは漂白剤に約６％の濃度で入っている。これを 0.02-0.05%に希釈することでその効果を発揮できるようになる。

次亜塩素酸ナトリウムは、ドアノブや便座、床などの場所に対して使用できるが、手指に対しては手荒れが生じるので注意が必要である。漂白剤１個、２Ｌペットボトル２個、料理用計量カップ１個、ビニール製手袋１個を用意する。

手が荒れないように手袋をし、眼鏡も着用し（原液が目に入ると失明の危険があるため）、換気の良い場所で行う。このとき、酸性の溶液と混ぜると塩素ガスが発生するので、酸性の溶液とは混ぜないようにする。

漂白剤のふたのぎりぎりまで漂白液を入れる（これで約 20ml になる）。これを２Ｌのペットボトルに入れる。その後、ペットボトルを水道水で満杯にして上下に２０回以上振り、均一にする（6×20/2000=0.06%濃度になる）。必要であれば目分量で１０分の１を捨てて水道水を１０分の１加えれば 0.05%になり、他の 2L ペットボトルに３分の１を入れて残りを水道水で満たせば 0.02%になる。スプレーの容器に入れるか、ティッシュ３－５枚を束ねてペットボトルの口に当てて溶液を染み込ませて拭くのがよい。

有機物の汚れが残っていると効果が低くなるので、汚れはきれいにふき取ってから吹きかけなければいけない。次亜塩素酸ナトリウムは金属に残留すると金属を錆びさせるので金属部分に使ったらすぐに水で拭き取る。エタノールは長期保存が可能であるが、次亜塩素酸ナトリウムは温度や光で効力を失うので、アルミホイルで包んで冷暗所に保存し、できれば１週間以内に使い切る必要がある。

次亜塩素酸ナトリウム自体はアルカリ性なので、取り扱いに注意する。一般の溶液とは違い、次亜塩素酸ナトリウムは希釈されることで消毒効果を発揮する物質（次亜塩素酸）が生成することに注意する。次亜塩素酸ナトリウムには塩素の匂いがあるが、それ自体に毒性は報告されていないので心配する必要はない。

# 巻末演習問題

演習問題　空欄を埋めよ。

図　真核生物の細胞内小器官の構造

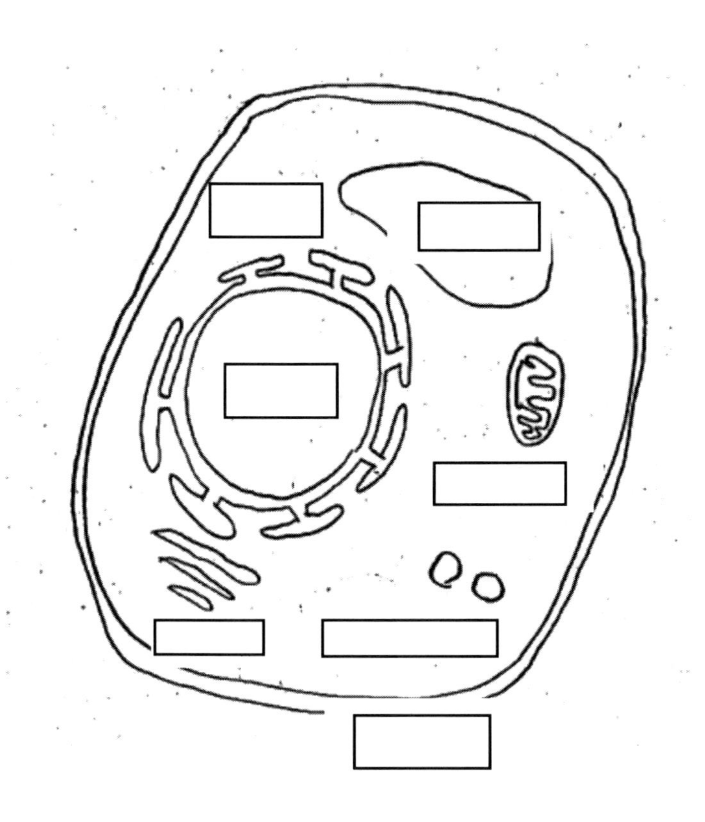

解答：第3章　p13

演習問題　空欄を埋めよ。

表　臓器とその常在細菌

| 場所 | 常在細菌 |
| --- | --- |
| 口腔 | |
| 上気道 | |
| 胃 | |
| 大腸 | |
| 皮膚 | |
| 尿道、<br>膣 | |

解答：第13章 p40

演習問題　空欄を埋めよ。

表　脳の構造とその機能

| 部位 | 機能 |
| --- | --- |
| ＿＿＿＿＿＿ | 随意運動、体性感覚、感情、記憶、意思、思考、言語、理解、判断 |
| ＿＿＿＿＿＿ | 短期記憶、欲求、感情、本能、自律神経 |
| 小脳 | 筋肉運動の調和、姿勢制御、運動記憶 |
| 間脳・視床 | 感覚の大脳への中継 |
| ＿＿＿＿＿＿ | 自律神経の中枢（内臓や体温、血糖値）、睡眠 |
| 中脳 | 姿勢制御、眼球運動、瞳孔の開閉 |
| ＿＿＿＿＿＿ | 呼吸と循環、唾液分泌、くしゃみ、嚥下、涙 |
| 脊髄 | 脳と末梢神経の連絡、脊髄反射 |

解答：第24章 p84

<u>演習問題</u>　空欄を埋めよ。

図　炭水化物の代謝

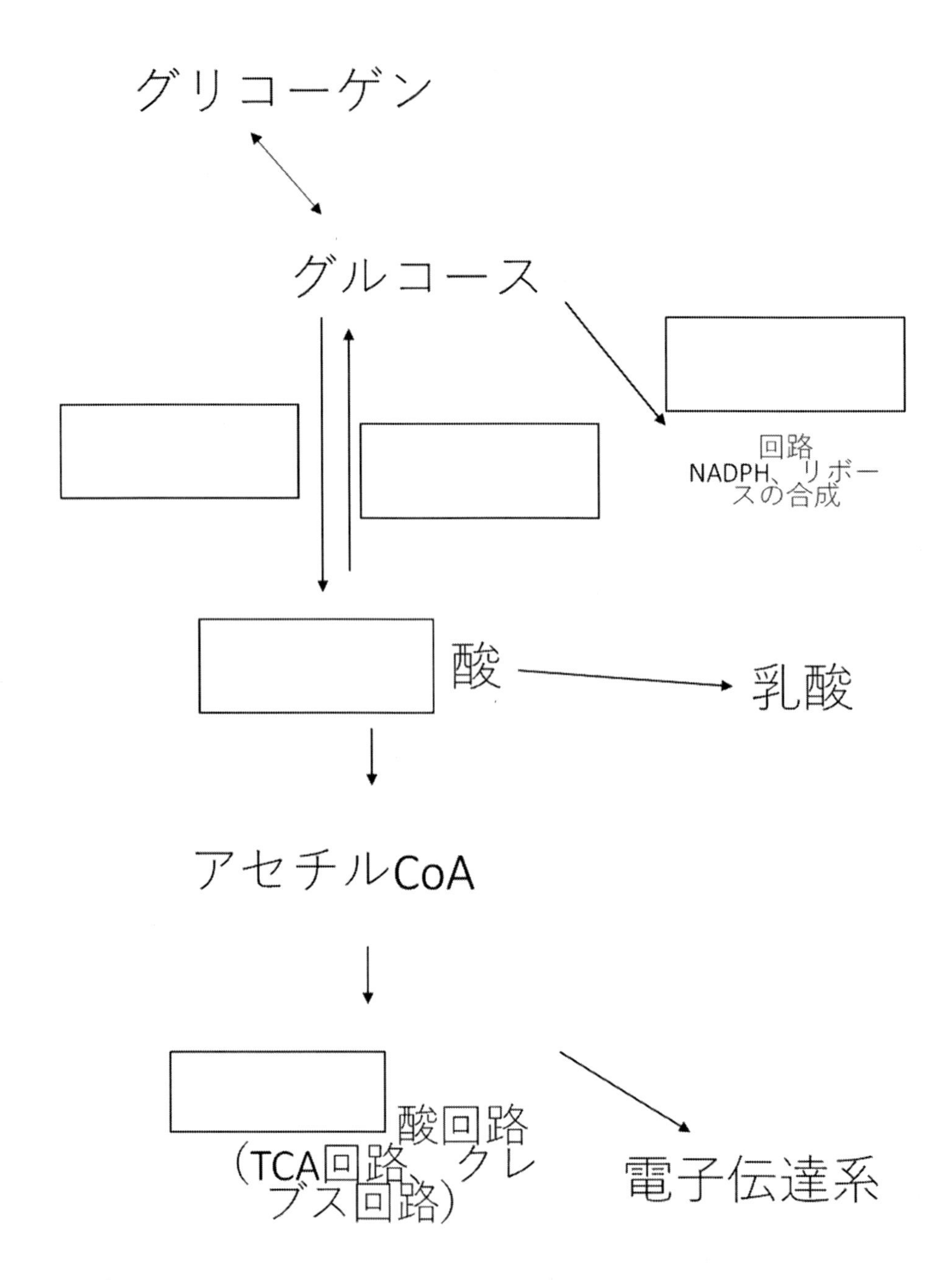


解答：第５章 p22

演習問題　空欄を埋めよ。

表　ビタミンとその欠乏症

| 名前 | 欠乏症 |
|---|---|
| ビタミンB1 | |
| ビタミンB2 | |
| ビタミンB6 | |
| ナイアシン | |
| ビタミンB12 | |
| 葉酸 | |
| ビオチン | |
| パントテン酸 | |
| ビタミンC | |

解答：第9章 p29

演習問題　空欄を埋めよ。

表　微生物の起こす感染症

| 微生物 | 病気 |
| --- | --- |
| 黄色ブドウ球菌 | |
| | 猩紅熱 |
| 緑膿菌 | |
| 百日咳菌 | 百日咳 |
| レジオネラ菌 | |
| 大腸菌 | __________、____毒素 |
| チフス菌 | チフス（感染型食中毒）<br>、__________反応 |
| 赤痢菌 | 赤痢 |

| セレウス菌 | |
|---|---|
| ボツリヌス菌 | |
| ウェルシュ菌 | |
| 腸炎ビブリオ | |
| カンピロバクター・ジェジュニ | |
| インフルエンザ菌 | |
| 炭疽菌 | 炭疽 |
| ジフテリア菌 | ジフテリア、異染小体<br>____________反応 |
| リステリア菌 | |
| 結核菌 | 結核、____________染色、<br>________反応、______ワクチン |

| | |
|---|---|
| らい菌 | ＿＿＿＿病 |
| ヘリコバクターピロリ | |
| 破傷風菌 | |
| クラミジア | |
| トリコモナス | 膣トリコモナス症 |
| トレポネーマ | ＿＿＿＿、＿＿＿＿＿反応 |
| カンジダ・アルビカンス | |
| ボレリア | |
| レプトスピラ | |
| マイコプラズマ | |

| | ツツガムシ病 |
|---|---|
| リケッチア | ＿＿＿＿＿、＿＿＿＿＿反応 |
| クラミドフィラ | |
| 淋菌 | |
| パピローマウィルス | |
| パルボウィルス | |
| EB ウィルス | ＿＿＿＿がん、＿＿＿＿＿ |
| JC ウィルス | |
| | 咽頭結膜熱、流行性角膜炎、急性出血性膀胱炎 |
| ヒトヘルペスウィルス８型 | |

| ポリオウィルス | |
|---|---|
| コクサッキーウィルス | |
| ロタウィルス | |
| ノロウィルス | |
| 日本脳炎ウィルス | __________、コダカアカイエカ |
| ウェストナイルウィルス | ウェストナイル熱 |
| A 型/E 型肝炎ウィルス | |
| B 型/C 型肝炎ウィルス | |
| SARS コロナウィルス | |
| MERS コロナウィルス | |

| | |
|---|---|
| COVID-19 | 新型コロナウィルス肺炎 |
| インフルエンザウィルス | インフルエンザ |
| インフルエンザ H5N1 | |
| インフルエンザ H7N9 | |
| ムンプスウィルス | |
| ラッサウィルス | ラッサ熱 |
| SFTS ウィルス | |
| マールブルグウィルス | マールブルグ病 |
| エボラウィルス | エボラ出血熱 |
| 狂犬病ウィルス | 狂犬病 |

| ハンタウィルス | |
|---|---|
| HIV ウィルス | |
| HTLV-1 | |
| トリコフィトン属菌 | |
| クリプトコッカス・ネオフォルマンス | クリプトコッカス症 |
| ランブル鞭毛虫 | |
| トリパノソーマ | ＿＿＿＿＿病、シャーガス病（＿＿＿＿＿バエ） |
| マラリア原虫 | マラリア（＿＿＿＿カ） |
| クリプトスポリジウム | クリプトスポリジウム症（経口） |
| リーシュマニア | |

解答：第 15 章 p43

演習問題　下線部を埋めよ。

表　ホルモンとその産生臓器、作用

| 産生臓器 | 分泌ホルモン | 作用 | 疾患 |
|---|---|---|---|
| 視床下部 | ＿＿＿＿＿＿ホルモン | 成長ホルモン放出 | |
| 視床下部 | ＿＿＿＿＿＿ホルモン | 性腺刺激ホルモン放出 | |
| 視床下部 | ＿＿＿＿＿＿ホルモン | 甲状腺刺激ホルモン放出 | |
| 視床下部 | ＿＿＿＿＿＿ホルモン | 副腎皮質刺激ホルモン放出 | |
| 視床下部 | ＿＿＿＿＿＿ホルモン | プロラクチン放出 | |
| 視床下部 | ＿＿＿＿＿＿ホルモン | プロラクチン放出抑制 | |
| 視床下部 | ＿＿＿＿＿＿ホルモン | 成長ホルモン抑制 | |

| | | | |
|---|---|---|---|
| 視床下部 | ＿＿＿＿＿＿ | プロラクチン分泌を抑える、運動調節、ホルモン調節、快の感情、意欲、学習 | 過剰：依存症 |
| 視床下部・下垂体後葉 | ＿＿＿＿＿＿ | 子宮及び乳腺細胞の収縮促進 | |
| 視床下部・下垂体後葉 | ＿＿＿＿＿＿ | 腎での水分再吸収、血管収縮 | 低下<br>＿＿症 |
| 下垂体前葉 | ＿＿＿＿＿＿ホルモン | 成長促進、血糖上昇 | 過剰<br>＿＿症<br>不足<br>＿＿症 |
| 下垂体前葉 | ＿＿＿＿＿＿ホルモン | 甲状腺ホルモン（T4，T3）分泌促進 | |
| 下垂体前葉 | ＿＿＿＿＿＿ホルモン | コルチゾール分泌促進<br>性ホルモン分泌促進 | |
| 下垂体前葉 | ＿＿＿＿＿＿ | 乳腺形成促進 | |
| 下垂体前葉 | ＿＿＿＿＿＿ホルモン | エストロゲン分泌、精子形成 | |
| 下垂体前葉 | ＿＿＿＿＿＿ホルモン | プロゲステロン分泌、排卵促進 | |
| 松果体 | ＿＿＿＿＿＿ | 睡眠作用、生体リズム調節 | 睡眠障害 |
| 甲状腺濾胞細胞 | ＿＿＿＿＿＿ | 代謝促進、酸素消費増大 | 亢進<br>＿＿病<br>不足　クレチン病 |

| | | | |
|---|---|---|---|
| 甲状腺傍濾胞細胞 | ________________ | $Ca^{2+}$低下　骨化促進 | 不足　テタニー |
| 副甲状腺 | ________________ | $Ca^{2+}$上昇骨吸収 | 亢進　骨軟化 |
| 膵臓α細胞 | ________________ | 血糖上昇 | |
| 膵臓β細胞 | ________________ | 血糖低下 | 低下　糖尿病 |
| 膵臓γ細胞 | ________________ | インスリン・グルカゴン分泌抑制 | |
| 副腎皮質 | ________________ | $Na^{+}$再吸収促進 | 亢進　アルドステロン症 |
| 副腎皮質 | ________________ | 血糖上昇、糖新生、抗炎症、免疫抑制 | 亢進<br>____症候群<br>不足　アジソン病 |
| 副腎髄質 | ________、________ | 末梢血管収縮、心収縮促進、血糖上昇 | 褐色細胞腫 |
| 卵胞 | ________________ | 子宮内膜増殖、排卵促進 | 骨粗鬆症 |
| 黄体 | ________________ | 黄体形成、体温上昇 | |
| 精巣 | ________________ | タンパク質合成、筋肉形成、精子形成 | |
| 腎臓 | ________________ | アンジオテンシンⅠ生成、アルドステロン分泌促進 | 血圧上昇 |
| 腎臓 | ________________ | 赤血球成熟促進 | 不足　腎性貧血 |

解答：第23章 p77

演習問題　空欄を埋めよ。

図　人体の臓器

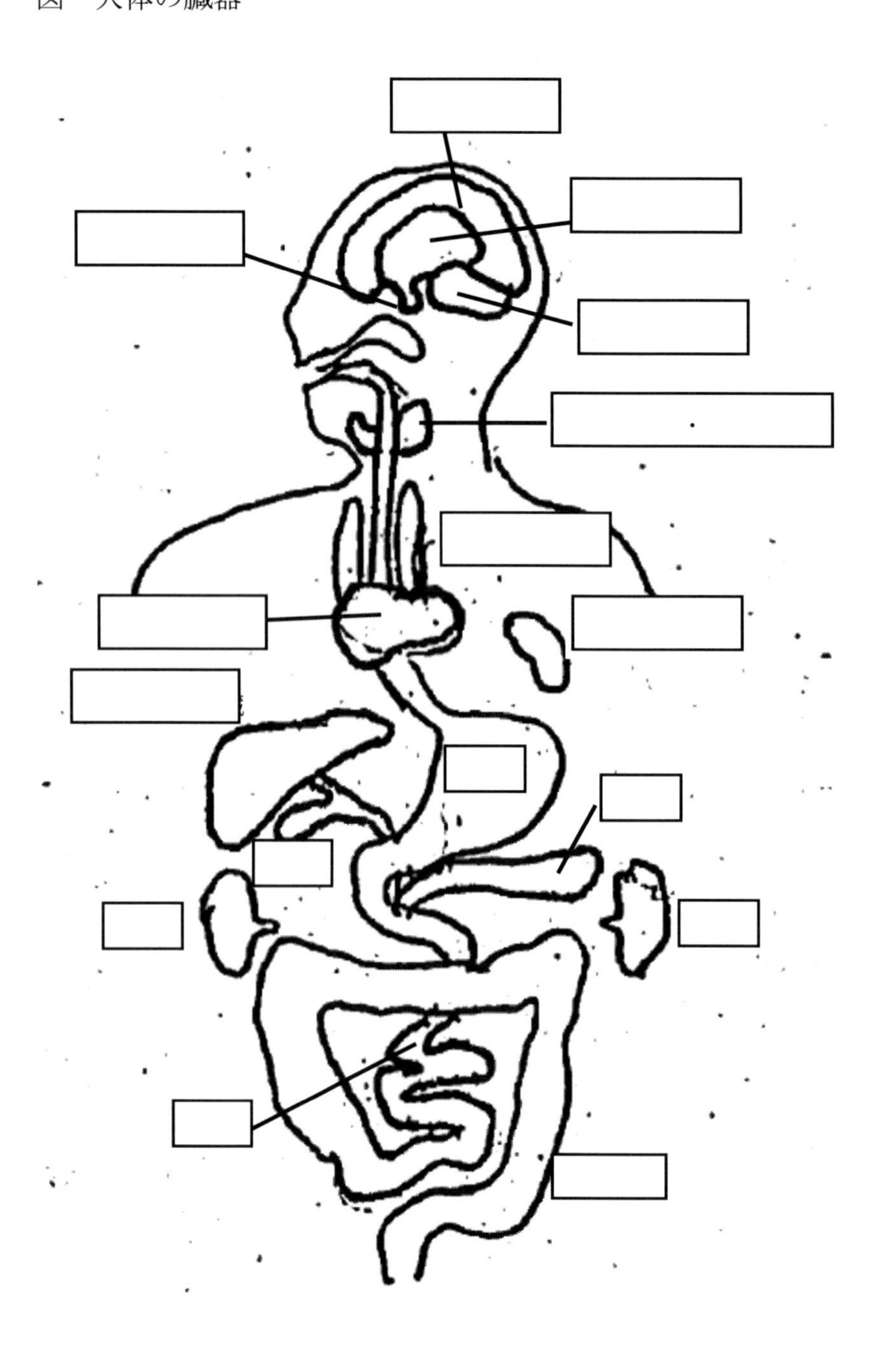

解答：第2章 p7

演習問題　空欄を埋めよ。

表　ワクチンの種類

| ワクチン | 抗原 |
|---|---|
| ジフテリア | |
| 百日咳 | |
| 破傷風 | |
| 肺炎球菌 | |
| 結核 | |
| ポリオ | |
| 麻疹 | |
| 水痘 | |
| 日本脳炎 | |
| インフルエンザ | |
| おたふくかぜ | |
| B型肝炎 | |
| 狂犬病 | |
| 子宮頸がん | |
| ロタウィルス | |

解答：第22章 p75

演習問題　空欄を埋めよ。

表　自己免疫疾患とその臓器

| 病気の名前 | 臓器 |
| --- | --- |
| 慢性甲状腺炎（橋本病） | |
| バセドウ病 | |
| 若年性糖尿病 | |
| 重症筋無力症 | |
| 自己免疫性溶血性貧血 | |
| 悪性貧血 | |
| 潰瘍性大腸炎 | |
| 多発性硬化症 | |
| リウマチ熱 | |
| シェーグレン症候群 | |
| 多発性筋炎、皮膚筋炎 | |
| 慢性関節リウマチ | |
| 全身性エリテマトーデス | |
| 膠原病 | |

解答：第22章 p73

演習問題　下線部を埋めよ。

表　消毒薬とその対象

| 消毒薬 | 対象 | 有効 | 無効 |
|---|---|---|---|
| エタノール | 手指、皮膚、注射器具、手術用器具 | ________ | 芽胞、B型肝炎ウィルス |
| クロルヘキシジングルコン酸塩 | 手指、皮膚、注射器具、手術用器具器具の消毒、外陰部・外性器の消 | 細菌、真菌、エンベロープありウィルス | ________ |
| 次亜塩素酸ナトリウム | 排泄物、医療器具（金属腐食性） | ________ | |
| ポピドンヨード | ________ | 結核菌を含む細菌、真菌、ウィルス | 芽胞 |
| 紫外線 | 手術室、細菌検査室 | ________ | 直接当たらない箇所 |
| エチレンオキシドガス | ________ | 細菌、真菌、ウィルス、芽胞 | |
| 高圧蒸気滅菌 | ________ | 細菌、真菌、ウィルス、芽胞 | |

| オキシドール | ― | 細菌、真菌、ウィルス | 芽胞 |
|---|---|---|---|
| ホウ酸 | ― | 細菌、真菌、ウィルス | 芽胞 |
| ベンザルコニウム塩酸塩 | 手指 | ― | 結核菌、B型肝炎ウィルス、芽胞 |
| グルタラール | ― | 細菌、真菌、ウィルス、芽胞 | |

解答：第16章 p53

演習問題　空欄を埋めよ。

表　臨床診断に用いられる主要血清酵素

| 酵素名 | 臓器 | 主な疾患 |
|---|---|---|
| アミラーゼ | 膵臓、唾液腺 | |
| 膵臓リパーゼ | 膵臓 | |
| 酸性フォスファターゼ | さまざまな組織 | |
| アルカリフォスファターゼ | 骨、胆道 | |
| クレアチンキナーゼ | 神経、筋肉 | |
| GOT, GPT | 肝臓、心筋 | |
| 乳酸脱水素酵素 | さまざまな組織 | |

解答：第20章　p62

演習問題　空欄を埋めよ。

表　感染症法に定める病気

| | 病気 |
|---|---|
| 1類感染症 | |
| 2類感染症 | |
| 3類感染症 | |
| 4類感染症 | 狂犬病、E型肝炎、ウェストナイル熱など |
| 5類感染症 | インフルエンザなど |

解答：第17章 p56

演習問題　空欄を埋めよ。

表　アレルギーの種類

| 型 | I | II | III | IV |
| --- | --- | --- | --- | --- |
| 関与抗体 | | | | |
| 抗原 | 花粉、ダニ、食品 | 細胞表面抗原 | 可溶性抗原 | 可溶性抗原 |
| 疾患 | | | | |

解答：第22章 p71

演習問題　下線部を埋めよ。

血清の成分とその起こす病気

直接ビリルビン　＿＿＿＿＿＿
間接ビリルビン　＿＿＿＿＿、＿＿＿＿＿＿
GOT　＿＿＿＿
GPT　＿＿＿＿＿
γ-GTP　＿＿＿＿＿＿
アルカリホスファターゼ　＿＿＿、＿＿＿＿＿＿＿、＿＿＿＿＿
コリンエステラーゼ　＿＿＿＿
アルブミン　＿＿＿＿＿＿
フィブリノーゲン
血清アンモニア
クレアチニン　＿＿＿＿＿＿＿＿
PSA　＿＿＿＿＿＿＿＿
尿酸　＿＿＿、＿＿＿＿＿＿＿＿
コレステロール　＿＿＿＿＿＿＿
中性脂肪　＿＿＿＿＿＿、＿＿＿＿＿＿＿
HbA1c　＿＿＿＿＿
アミラーゼ　＿＿＿＿＿
酸性ホスファターゼ　＿＿＿＿＿＿＿
LDH　＿＿＿＿、＿＿＿＿＿＿＿
クレアチンホスホキナーゼ　＿＿＿＿、＿＿＿＿＿＿＿

解答：第21章 p64

演習問題　空欄を埋めよ。

表　抗体の種類

| クラス | IgM | IgG | IgA | IgD | IgE |
|---|---|---|---|---|---|
| 比率 | 5 | ＿＿＿ | 14 | 1 | 1 未満 |
| 役割 | ＿＿＿ | 感染防御で主要役割 | 分泌型、＿＿＿ ＿＿＿ ＿＿＿で働く | B 細胞の表面 | ＿＿＿細胞の表面　I 型アレルギーの原因 |

解答：第22章 p69

演習問題

大脳は脳の最も外側に位置する。そのうちでも特に外側にある________は知覚、随意運動、思考、推理、記憶など、脳の高次機能を司る臓器である。

________とは、間脳に位置し、内分泌や自律機能の総合的な調節を行う。

______は視床下部の下に位置し、成長ホルモン(GH)や副腎皮質刺激ホルモン、性腺刺激ホルモンなど、さまざまなホルモンを分泌する臓器である。

________とは脳内の中央、2つの大脳半球の間にある。概日リズムを調節するホルモン、メラトニンを分泌する機能がある。

甲状腺は甲状腺ホルモンを分泌する臓器である。________から分泌を行う。甲状腺は濾胞細胞からなる甲状腺濾胞と、傍濾胞細胞により構成されている。

甲状腺ホルモンの機能は代謝のコントロールが主要な役割である。
甲状腺ホルモンが分泌されると代謝がアップする。
傍濾胞細胞は、血中カルシウムイオンの濃度を制御する____________というホルモンを分泌する機能がある。

副甲状腺は、甲状腺のわきにあり、副甲状腺ホルモン（PTH）を分泌することで血液の中の_________の濃度を調節する。

肺は、多数の肺胞から成り、酸素と二酸化炭素の交換を行う臓器である。
肺は二酸化炭素の排出により血液のpH調整も行う機能がある。

心臓は、全身に血液を送るポンプの役割を担っている。体の中央より少し左寄りに位置している。
心室が2個、心房が2個ある。
血液は，肺で新鮮な酸素を取り込み______に送られ、______に送られ全身に送り出されて酸素と二酸化炭素を交換する。再び______に戻り______に送られ肺に送り出されて再び二酸化炭素を酸素と交換し再び左心房に戻る、の循環で血液を流通させる。

______は、筋肉の膜で、胸とおなかの間にありその境目となっている。

息を吸い込む時に、収縮し、自分の意志で動かすことができる筋肉である。

____は、人体におけるさまざまな代謝を担う臓器である。小腸の近くにあり、リンパ管と門脈を介してつながっており、胆汁や尿素、VLDL，LDLなど代謝の重要な物質を合成する役割を担う。

胃は、胃酸で食べ物を殺菌処理し、蠕動運動やペプシンで食物の消化を担う臓器である。食道と胃の境目は噴門、胃と十二指腸の境目を幽門と呼ぶ。

小腸は、食物の栄養分の消化と吸収を担っている。胃の方から見て十二指腸、空腸、____と分かれている。およそ６ｍの長さがある。________盤に多くの免疫細胞が含まれている。

大腸は、栄養分の吸収を行わず、主に水分を吸収する機能を担っている。
小腸から見て、上行結腸、横行結腸、下行結腸、S字結腸、____、肛門と分かれている。腸内細菌が活躍する場所である。

脾臓は、解剖学の発達していない時代には食物の消化を司ると考えられていたが、実際には免疫を司る____細胞などを成熟させたり、古くなった______を破壊するなどの役割を担っていることが明らかになった。免疫を担うリンパ組織はいくつかあるが、体の中で一番大きいのがこの脾臓である。

______は消化酵素を合成し十二指腸に分泌する臓器である。またさまざまなホルモンも分泌し血糖値の調節なども行う。

______は、老廃物を排出する臓器である。血液の老廃物を尿として排泄する。さらに、血液のイオン濃度を調節する機能も有する。

____は免疫の重要な臓器であり、免疫細胞の一種であるT細胞の成熟を担っている。

______は十二指腸と肝臓の近くに位置し、肝臓で合成された胆汁を貯蔵して十二指腸に分泌する臓器である。

解答：第2章 p8

演習問題　空欄を埋めよ。

図　免疫にかかわる細胞とその作用

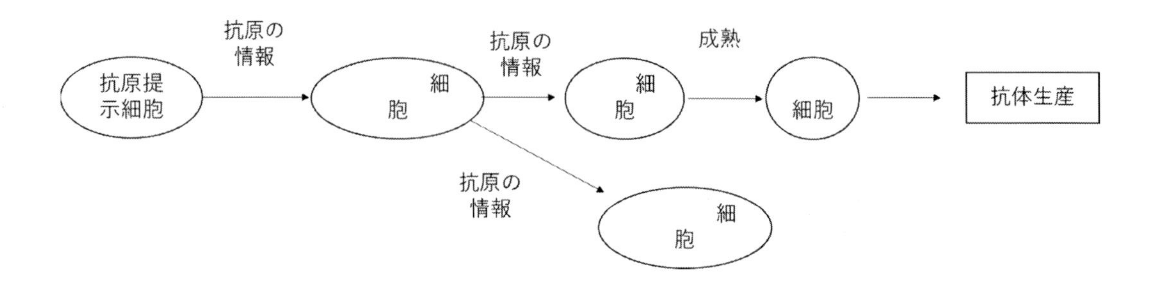


解答：第22章 p67

演習問題　空欄を埋めよ。

表　ホルモンとその産生臓器、作用

| 産生臓器 | 分泌ホルモン | 作用 | 疾患 |
|---|---|---|---|
| 視床下部 | 成長ホルモン放出ホルモン | [　　　]放出 | |
| 視床下部 | 性腺刺激ホルモン放出ホルモン | [　　　]ホルモン放出 | |
| 視床下部 | 甲状腺刺激ホルモン放出ホルモン | [　　　]ホルモン放出 | |
| 視床下部 | 副腎皮質刺激ホルモン放出ホルモン | [　　　]ホルモン放出 | |
| 視床下部 | プロラクチン放出ホルモン | プロラクチン放出 | |
| 視床下部 | プロラクチン放出抑制因子 | [　　　]放出抑制 | |
| 視床下部 | 成長ホルモン抑制ホルモン | [　　　]抑制 | |

| | | | |
|---|---|---|---|
| 視床下部 | ドーパミン | 分泌を抑える、運動調節、ホルモン調節、快の感情、意欲、学習 | 過剰：依存症 |
| 視床下部・下垂体後葉 | オキシトシン | 及びの収縮促進 | |
| 視床下部・下垂体後葉 | バソプレッシン | 腎での、血管収縮 | 低下 |
| 視床下部・下垂体後葉 | 成長ホルモン | 促進、血糖上昇 | 過剰<br>不足 |
| 下垂体前葉 | 甲状腺刺激ホルモン | ホルモン（T4，T3）分泌促進 | |
| 下垂体前葉 | 副腎皮質刺激ホルモン | 分泌促進<br>性ホルモン分泌促進 | |
| 下垂体前葉 | プロラクチン | 形成促進 | |
| 下垂体前葉 | 卵胞刺激ホルモン | 分泌、精子形成 | |
| 下垂体前葉 | 黄体形成ホルモン | 分泌、排卵促進 | |
| 松果体 | メラトニン | 、生体リズム調節 | 睡眠障害 |
| 甲状腺濾胞細胞 | サイロキシン | 、酸素消費増大 | 亢進<br>不足 |

| 甲状腺傍濾胞細胞 | カルシトニン | □低下　骨化促進 | 不足□ |
|---|---|---|---|
| 副甲状腺 | パラソルモン | □上昇、骨吸収 | 亢進　骨軟化 |
| 膵臓$\alpha$細胞 | グルカゴン | □上昇 | |
| 膵臓$\beta$細胞 | インスリン | 血糖□ | 低下　糖尿病 |
| 膵臓$\gamma$細胞 | ソマトスタチン | □・グルカゴン分泌抑制 | |
| 副腎皮質 | アルドステロン | □再吸収促進 | 亢進　アルドステロン症 |
| 副腎皮質 | コルチゾール | □上昇、糖新生、抗炎症、免疫抑制 | 亢進　クッシング症候群<br>不足□ |
| 副腎髄質 | ノルアドレナリン、アドレナリン | □収縮、心収縮促進、血糖上昇 | 褐色細胞腫 |
| 卵胞 | エストロゲン | 子宮内膜増殖、□促進 | 骨粗鬆症 |
| 黄体 | プロゲステロン | □形成、体温上昇 | |
| 精巣 | テストステロン | □合成、筋肉形成、精子形成 | |
| 腎臓 | レニン | アンジオテンシンⅠ生成、□分泌促進 | 血圧上昇 |
| 腎臓 | エリスロポエチン | □成熟促進 | 不足　腎性貧血 |

解答：第23章 p77

演習問題　下線部を埋めよ。

水は生体に必須である。
無機物（ミネラル）も必須である。

細胞内液　__$^{+}$，______$^{3-}$
細胞外液　____$^{+}$，$Cl^{-}$

水分調節のホルモンは２つある。

１　______ホルモン

血液量すなわち体内の循環水分量の減少、あるいは血漿浸透圧の増加があると脳下垂体後葉から出る。腎臓での水の再吸収を増加させ血液量を回復させる。

２　________________
下痢、発汗、出血、ナトリウムの減少で血液量が低下するとレニン分泌が増加する。分泌されたレニンはアンジオテンシノーゲンに働いてアンジオテンシンIを生成する。アンジオテンシンIはアンジオテンシン変換酵素(ACE)によりアンジオテンシンIIに変換される。アンジオテンシンIIはアルドステロン分泌を増加させ、腎臓でのナトリウムと水の再吸収を増加させ血液量が回復する

カルシウムの調節ホルモンには３つある。

ビタミン__　カルシウムを増加
__________：カルシウムを増加
__________　：カルシウムを減少

血糖値を上げるもの（グリコーゲン分解促進、アミノ酸からの糖新生促進、グルコースを血中に放出）は
__________、チロキシン、成長ホルモン、____________、________________
血糖値を下げるもの（グルコースの取り込み増加、グリコーゲン合成促進、中性脂肪合成促進)
インスリン

血液量が減るとバソプレッシンが分泌され腎臓での水の再吸収が増えて（尿量

が減少）血液量が増える。

腎臓からは______が分泌されアンジオテンシンIIによりアルドステロン分泌が増加し血管を収縮させる。

解答：第10章 p31

演習問題　下線部を埋めよ。

表　消毒薬とその対象

| 消毒薬 | 対象 | 有効 | 無効 |
|---|---|---|---|
| ＿＿＿＿＿ | 手指、皮膚、注射器具、手術用器具 | 細菌、真菌、エンベロープありウィルス | 芽胞、B 型肝炎ウィルス |
| ＿＿＿＿＿ | 手指、皮膚、注射器具、手術用器具器具の消毒、外陰部・外性器の消毒、創傷の消毒 | 細菌、真菌、エンベロープありウィルス | 結核菌、B 型肝炎ウィルス、芽胞 |
| ＿＿＿＿＿ | 排泄物、医療器具（金属腐食性） | 細菌、真菌、ウィルス（B 型肝炎）、芽胞 | |
| ＿＿＿＿＿ | 手術部位、皮膚、外陰部 | 結核菌を含む細菌、真菌、ウィルス | 芽胞 |
| ＿＿＿＿＿ | 手術室、細菌検査室 | 細菌、真菌、ウィルス、芽胞 | 直接当たらない箇所 |
| ＿＿＿＿＿ | ゴム・プラスチック製品 | 細菌、真菌、ウィルス、芽胞 | |
| ＿＿＿＿＿ | 衣服、タオル、手術器具 | 細菌、真菌、ウィルス、芽胞 | |
| ＿＿＿＿＿ | 創傷、口腔、咽頭 | 細菌、真菌、ウィルス | 芽胞 |
| ＿＿＿＿＿ | 洗眼、点眼 | 細菌、真菌、ウィルス | 芽胞 |
| ＿＿＿＿＿ | 手指 | 細菌、真菌、ウィルス | 結核菌、B 型肝炎ウィルス、芽胞 |
| ＿＿＿＿＿ | 内視鏡 | 細菌、真菌、ウィルス、芽胞 | |

解答：第 16 章 p53

<u>演習問題</u>　空欄を埋めよ。

表　微生物の起こす感染症

| 微生物 | 病気 |
|---|---|
| | 化膿症、毒素型食中毒、剥脱性皮膚炎 |
| レンサ球菌 | |
| | 日和見感染症 |
| | 百日咳 |
| | ポンティアック熱 |
| | 腸管出血性大腸菌、ベロ毒素 |
| | チフス（感染型食中毒） |
| | 赤痢 |

| | |
|---|---|
| | 毒素型食中毒 |
| | 毒素型食中毒 |
| | 感染型食中毒、ガス壊疽 |
| | 感染型食中毒 |
| ＿＿＿＿＿＿・ジェジュニ | 感染型食中毒 |
| インフルエンザ菌 | |
| | 炭疽 |
| | ジフテリア、異染小体 |
| | 周産期リステリア症 |

| | |
|---|---|
| | 結核、チールネールゼン染色、ツベルクリン反応、BCG ワクチン |
| | ハンセン病 |
| | 胃炎 |
| | 牙関緊急、破傷風 |
| | 非淋菌性尿道炎 |
| | 膣トリコモナス症 |
| | 梅毒 |
| | 膣カンジダ症 |
| | 回帰熱・ライム病 |

| | |
|---|---|
| | ワイル病 |
| | 肺炎 |
| | ツツガムシ病 |
| | 発疹熱 |
| | オウム病・肺炎 |
| | 淋病・膿漏眼 |
| | 子宮頸がん　× |
| | 伝染性紅斑　× |
| | 上咽頭がん、バーキットリンパ腫<br>○ |

| | |
|---|---|
| | 進行性多巣性白質脳症　× |
| | 咽頭結膜熱、流行性角膜炎、急性出血性膀胱炎　× |
| | カポジ肉腫　○ |
| | 急性灰白髄炎、小児麻痺　× |
| | 手足口病　× |
| | 冬期急性下痢症　× |
| | 冬期急性下痢症　× |
| | 日本脳炎、コダカアカイエカ○ |
| | ウェストナイル熱　○ |

| | |
|---|---|
| | 肝臓がん　○ |
| | 重症急性呼吸器症候群　○ |
| | 中東呼吸器症候群　○ |
| | 新型コロナウィルス肺炎　○ |
| | インフルエンザ　○ |
| インフルエンザ______ | 鳥インフルエンザ　○ |
| インフルエンザ______ | 鳥インフルエンザ　○ |
| | 流行性耳下腺炎　○ |
| | ラッサ熱　○ |

| | |
|---|---|
| | 重症熱性血小板減少症候群○ |
| | マールブルグ病○ |
| | エボラ出血熱○ |
| | 狂犬病○ |
| | 腎症候性出血熱○ |
| | 後天性免疫不全症候群○ |
| | 成人T細胞白血病○ |
| | 白癬 |
| | クリプトコッカス症 |

| | |
|---|---|
| | ジアルジア症 |
| | アフリカ睡眠病、シャーガス病（ツェツェバエ） |
| | マラリア（ハマダラカ） |
| | クリプトスポリジウム症（経口） |
| | カラアザール・サシチョウバエ |

解答：第15章 p43

演習問題　下線部を埋めよ。

表　ホルモンとその産生臓器、作用

| 産生臓器 | 分泌ホルモン | 作用 | 疾患 |
| --- | --- | --- | --- |
| 視床下部 | ＿＿＿＿＿＿＿＿ホルモン | 成長ホルモン放出 | |
| 視床下部 | ＿＿＿＿＿＿＿＿ホルモン | 性腺刺激ホルモン放出 | |
| 視床下部 | ＿＿＿＿＿＿＿＿ホルモン | 甲状腺刺激ホルモン放出 | |
| 視床下部 | ＿＿＿＿＿＿＿＿ホルモン | 副腎皮質刺激ホルモン放出 | |
| 視床下部 | ＿＿＿＿＿＿＿＿ホルモン | プロラクチン放出 | |
| 視床下部 | ＿＿＿＿＿＿＿＿ホルモン | プロラクチン放出抑制 | |
| 視床下部 | ＿＿＿＿＿＿＿＿ホルモン | 成長ホルモン抑制 | |

| | | | |
|---|---|---|---|
| 視床下部 | ____________ | プロラクチン分泌を抑える、運動調節、ホルモン調節、快の感情、意欲、学習 | 過剰：依存症 |
| 視床下部・下垂体後葉 | ____________ | 子宮及び乳腺細胞の収縮促進 | |
| 視床下部・下垂体後葉 | ____________ | 腎での水分再吸収、血管収縮 | 低下<br>____症 |
| 下垂体前葉 | ____________ホルモン | 成長促進、血糖上昇 | 過剰<br>____症<br>不足<br>____症 |
| 下垂体前葉 | ____________ホルモン | 甲状腺ホルモン（T4，T3）分泌促進 | |
| 下垂体前葉 | ____________ホルモン | コルチゾール分泌促進<br>性ホルモン分泌促進 | |
| 下垂体前葉 | ____________ | 乳腺形成促進 | |
| 下垂体前葉 | ____________ホルモン | エストロゲン分泌、精子形成 | |
| 下垂体前葉 | ____________ホルモン | プロゲステロン分泌、排卵促進 | |
| 松果体 | ____________ | 睡眠作用、生体リズム調節 | 睡眠障害 |
| 甲状腺濾胞細胞 | ____________ | 代謝促進、酸素消費増大 | 亢進<br>____病<br>不足　クレチン病 |

| 甲状腺傍濾胞細胞 | ________ | $Ca^{2+}$低下　骨化促進 | 不足　テタニー |
|---|---|---|---|
| 副甲状腺 | ________ | $Ca^{2+}$上昇骨吸収 | 亢進　骨軟化 |
| 膵臓$\alpha$細胞 | ________ | 血糖上昇 | |
| 膵臓$\beta$細胞 | ________ | 血糖低下 | 低下　糖尿病 |
| 膵臓$\gamma$細胞 | ________ | インスリン・グルカゴン分泌抑制 | |
| 副腎皮質 | ________ | $Na^{+}$再吸収促進 | 亢進　アルドステロン症 |
| 副腎皮質 | ________ | 血糖上昇、糖新生、抗炎症、免疫抑制 | 亢進<br>____症候群<br>不足　アジソン病 |
| 副腎髄質 | ________、________ | 末梢血管収縮、心収縮促進、血糖上昇 | 褐色細胞腫 |
| 卵胞 | ________ | 子宮内膜増殖、排卵促進 | 骨粗鬆症 |
| 黄体 | ________ | 黄体形成、体温上昇 | |
| 精巣 | ________ | タンパク質合成、筋肉形成、精子形成 | |
| 腎臓 | ________ | アンジオテンシンⅠ生成、アルドステロン分泌促進 | 血圧上昇 |
| 腎臓 | ________ | 赤血球成熟促進 | 不足　腎性貧血 |

解答：第23章 p77

演習問題　空欄を埋めよ。

ホルモンはどんな物質からできているかで3種類に分かれる。
ペプチドホルモン　＿＿＿＿、＿＿＿＿、＿＿＿＿刺激ホルモン、抗利尿ホルモン他

ステロイドホルモン　＿＿＿＿ホルモン、＿＿ホルモン、＿＿ホルモン

アミノ酸性ホルモン　＿＿＿＿、＿＿＿＿、メラトニン

解答：第 23 章 p77

免疫細胞には次のようなものがある。
貪食能　単球、好中球、＿＿＿＿、樹状細胞
免疫監視　NK細胞
炎症　＿＿＿＿

抗原提示細胞（＿＿＿＿、＿＿＿＿など）で抗原（ばいきん）を貪食して＿＿＿＿細胞に提示する。
ヘルパーT細胞が＿細胞に抗原の情報を伝える。
B細胞は形質細胞に変化し抗体を作って抗原を攻撃する。
ヘルパーT細胞は＿＿＿T細胞に抗原の情報を伝える。
＿＿＿細胞は抗原を貪食する。

解答：第 22 章 p66

演習問題　空欄を埋めよ。

表　抗体の種類

| クラス | IgM | □ | IgA | IgD | IgE |
|---|---|---|---|---|---|
| 比率(%) | 5 | 80 | □ | 1 | 1 未満 |
| 役割 | □ | 感染防御で主要役割 | 分泌型、母乳や呼吸器消化器泌尿器生殖器で働く | B 細胞の表面 | 肥満細胞や好塩基球の表面 □ の原因 |

解答：第22章 p69

演習問題　下線部を埋めよ。

表　ビタミンの種類とその欠乏症

| 名前 | 欠乏症 |
|---|---|
| ビタミン____ | 脚気、多発性神経炎、ウェルニッケ脳症 |
| ビタミン____ | 口角炎、口唇炎 |
| ビタミン____ | 皮膚炎、貧血 |
| ___________ | ペラグラ |
| ビタミン____ | 悪性貧血 |
| ______ | 妊娠時胎児奇形、（巨赤芽球性）貧血 |
| __________ | 皮膚炎 |
| ___________ | 皮膚炎 |
| ビタミン____ | 壊血病 |

解答：第9章 p29

演習問題　空欄を埋めよ。

表　微生物の起こす感染症

| 微生物 | 病気 |
|---|---|
| 黄色ブドウ球菌 | |
| レンサ球菌 | ______熱 |
| 緑膿菌 | |
| 百日咳菌 | 百日咳 |
| __________菌 | ポンティアック熱 |
| 大腸菌 | __________、______毒素 |
| チフス菌 | チフス（感染型食中毒）<br>、__________反応 |
| 赤痢菌 | 赤痢 |

| | |
|---|---|
| セレウス菌 | |
| ボツリヌス菌 | |
| ウェルシュ菌 | |
| 腸炎ビブリオ | |
| カンピロバクター・ジェジュニ | |
| インフルエンザ菌 | |
| 炭疽菌 | 炭疽 |
| ジフテリア菌 | ジフテリア、異染小体<br>__________反応 |
| リステリア菌 | |
| 結核菌 | 結核、__________染色、<br>______反応、______ワクチン |

| ______菌 | ハンセン病 |
| --- | --- |
| ヘリコバクターピロリ | |
| ______菌 | 牙関緊急 |
| クラミジア | |
| トリコモナス | 膣トリコモナス症 |
| ________ | 梅毒、________反応 |
| カンジダ・アルビカンス | |
| ボレリア | |
| レプトスピラ | |
| マイコプラズマ | |

| | ツツガムシ病 |
|---|---|
| リケッチア | ______、______反応 |
| クラミドフィラ | |
| 淋菌 | |
| ______ウィルス | 子宮頸がん |
| ______ウィルス | 伝染性紅斑 |
| EB ウィルス | ______がん、______ |
| ______ウィルス | 進行性多巣性白質脳症 |
| ______ウィルス | 咽頭結膜熱、流行性角膜炎、急性出血性膀胱炎 |
| ______ウィルス____型 | カポジ肉腫 |

| | |
|---|---|
| ポリオウィルス | |
| ____________ウィルス | 手足口病 |
| ロタウィルス | |
| ノロウィルス | |
| 日本脳炎ウィルス | 日本脳炎、______________カ |
| ウェストナイルウィルス | ウェストナイル熱 |
| B 型肝炎ウィルス、C 型肝炎ウィルス | |
| SARS コロナウィルス | |
| MERS コロナウィルス | |
| COVID-19 | 新型コロナウィルス肺炎 |

| | |
|---|---|
| インフルエンザウィルス | インフルエンザ |
| インフルエンザ H5N1 | |
| インフルエンザ H7N9 | |
| ムンプスウィルス | |
| ラッサウィルス | ラッサ熱 |
| __________ウィルス | 重症熱性血小板減少症候群 |
| マールブルグウィルス | マールブルグ病 |
| エボラウィルス | エボラ出血熱 |
| 狂犬病ウィルス | 狂犬病 |
| ____________ウィルス | 腎症候性出血熱 |

| | |
|---|---|
| HIV ウィルス | |
| ＿＿＿＿＿＿＿ | 成人 T 細胞白血病 |
| トリコフィトン属菌 | |
| クリプトコッカス・ネオフォルマンス | クリプトコッカス症 |
| ＿＿＿＿＿＿＿＿＿ | ジアルジア症 |
| ＿＿＿＿＿＿＿＿ | アフリカ睡眠病、シャーガス病（＿＿＿＿＿＿バエ） |
| マラリア原虫 | マラリア（＿＿＿＿＿カ） |
| クリプトスポリジウム | クリプトスポリジウム症（経口） |
| ＿＿＿＿＿＿＿＿ | カラアザール |

解答：第 15 章 p43

演習問題　空欄を埋めよ。

表　ホルモンとその産生臓器、作用

| 産生臓器 | 分泌ホルモン | 作用 | 疾患 |
|---|---|---|---|
| | 成長ホルモン放出ホルモン | 成長ホルモン放出 | |
| | 性腺刺激ホルモン放出ホルモン | 性腺刺激ホルモン放出 | |
| | 甲状腺刺激ホルモン放出ホルモン | 甲状腺刺激ホルモン放出 | |
| | 副腎皮質刺激ホルモン放出ホルモン | 副腎皮質刺激ホルモン放出 | |
| | プロラクチン放出ホルモン | プロラクチン放出 | |
| | プロラクチン放出抑制因子 | プロラクチン放出抑制 | |
| | 成長ホルモン抑制ホルモン | 成長ホルモン抑制 | |

| | | | |
|---|---|---|---|
| [　　　] | ドーパミン | プロラクチン分泌を抑える、運動調節、ホルモン調節、快の感情、意欲、学習 | 過剰：依存症 |
| [　　　]・[　　　] | オキシトシン | 子宮及び乳腺細胞の収縮促進 | |
| [　　　]・[　　　] | バソプレッシン | 腎での水分再吸収、血管収縮 | 低下　尿崩症 |
| [　　　]・[　　　] | 成長ホルモン | 成長促進、血糖上昇 | 過剰　巨人症<br>不足　小人症 |
| [　　　] | 甲状腺刺激ホルモン | 甲状腺ホルモン（T4，T3）分泌促進 | |
| [　　　] | 副腎皮質刺激ホルモン | コルチゾール分泌促進<br>性ホルモン分泌促進 | |
| [　　　] | プロラクチン | 乳腺形成促進 | |
| [　　　] | 卵胞刺激ホルモン | エストロゲン分泌、精子形成 | |
| [　　　] | 黄体形成ホルモン | プロゲステロン分泌、排卵促進 | |
| [　　　] | メラトニン | 睡眠作用、生体リズム調節 | 睡眠障害 |
| [　　　] | サイロキシン | 代謝促進、酸素消費増大 | 亢進　バセドウ病<br>不足　クレチン病 |

| | | | |
|---|---|---|---|
| | カルシトニン | $Ca^{2+}$低下　骨化促進 | 不足　テタニー |
| | パラソルモン | $Ca^{2+}$上昇骨吸収 | 亢進　骨軟化 |
| | グルカゴン | 血糖上昇 | |
| | インスリン | 血糖低下 | 低下　糖尿病 |
| | ソマトスタチン | インスリン・グルカゴン分泌抑制 | |
| | アルドステロン | $Na^{+}$再吸収促進 | 亢進　アルドステロン症 |
| | コルチゾール | 血糖上昇、糖新生、抗炎症、免疫抑制 | 亢進　クッシング症候群<br>不足　アジソン病 |
| | ノルアドレナリン、アドレナリン | 末梢血管収縮、心収縮促進、血糖上昇 | 褐色細胞腫 |
| | エストロゲン | 子宮内膜増殖、排卵促進 | 骨粗鬆症 |
| | プロゲステロン | 黄体形成、体温上昇 | |
| | テストステロン | タンパク質合成、筋肉形成、精子形成 | |
| | レニン | アンジオテンシンⅠ生成、アルドステロン分泌促進 | 血圧上昇 |
| | エリスロポエチン | 赤血球成熟促進 | 不足　腎性貧血 |

解答：第23章 p77

北垣浩志　（きたがき・ひろし）

昭和４６年生まれ。平成３年東京大学卒業、平成５年東京大学大学院修了ののち、米国サウスカロライナ医科大学、内閣府・日本学術会議・連盟会員、文部科学省・学術調査官等を経て平成２７年より佐賀大学・教授。この間、科学技術分野の文部科学大臣表彰、先端技術大賞・特別賞など受賞多数。

ポイント絞って豊富な演習問題！
基礎から学べる　生化学・微生物学

2021年4月1日　初版発行
2022年4月1日　第2刷発行

著　　者　北垣　浩志

発 行 所　株式会社 三恵社
〒462-0056　愛知県名古屋市北区中丸町 2-24-1
TEL.052-915-5211　　FAX.052-915-5019


ISBN 978-4-86693-318-4　C0045